數位繪畫

電腦數位繪畫的技術集成

數位繪畫

Glen Wilkins 著

陳寬祐 譯

視傳文化事業有限公司

譯序

人們一直說：「電腦只是一種工具…」。但是，電腦卻一直不是傳統繪畫者的工具，因為有太多藝術工作者患了「科技恐懼症」！他們認為電腦會剝奪創作的神性，與創作的本質。這些說法都不正確。不論藝術表現的媒材是什麼，藝術最珍貴的價值，還是作者的原始創意；電腦僅只是許多工具中的一種而已。

這本圖文並茂的「數位繪畫」，就是針對這個困境，為人們展現一個基礎的，但卻是全新的數位視野。它不是一本專門討論某一種繪圖軟體的技術手冊。作者以數位工具與科技，按部就班地來指導讀者模擬傳統的繪畫媒材效果，放膽嘗試各種新材質、新表現技法，發展出全新的表現效果，而這些效果是傳統技法過去所不曾有的，未來也不會有的。

全書基本上分為三大領域，都是在說明「數位繪畫」所必須具備的背景知能、應用理論與實務。將一系列傳統繪畫媒材的表現技法，以全新的數位方法，重新詮釋與再造。

在第一章裡，首先介紹數位繪畫所需的硬體設備與軟體應用程式；之後再解釋數位繪畫的基本原理；接著，以每一種傳統繪畫媒材為單元，依循序漸進的步驟，輔以深入淺出的提示，示範操作，讓你的電腦發揮極至的功能。

第二章裡，要將上一章學得的新技法，應用於實際練習上，並且引入進階的技法，讓你的創作更上一層樓。當作品在電腦上完成後，第三章將告訴你一些數位科技方面的知識，讓你的傑作能順利列印輸出。

數位科技提供了許多可能性的試驗機會，數位繪畫充滿了無限的奧妙與樂趣，所以讓我們盡情享受數位繪畫吧！

Dedication

For Lesley Catherine, my love

（原作者語）

數位繪畫 電腦數位繪畫的技術集成

PAINTING WITH PIXELS

How To Draw With Your Computer

著作人：GLEM WILKINS

翻　譯：陳寬祐

發行人：顏義勇

中文編輯：陳聆智

封面構成：鄭貴恆

出版者：視傳文化事業有限公司

永和市永平路12巷3號1樓

電話：(02)29240801(代表號)

傳真：(02)29219671

印刷：利豐雅高貿易有限公司

郵政劃撥：17919163 視傳文化事業有限公司

每冊新台幣：600元

行政院新聞局局版臺業字第6068號

ISBN 957-98193-8-6

2001年10月31日　初版一刷

目錄

A QUARTO BOOK

Published by Sterling Publishing Co., Inc
387 Park Avenue South
New York, NY 10016-8810

Library of Congress Cataloging-in-Publication Data is available upon request

ISBN 0-8069-6824-9

QUAR.HOW

Conceived, designed and produced by
Quarto Publishing plc
The Old Brewery
6 Blundell Street
London N7 9BH

EDITOR Sarah Vickery
DESIGNER Luise Roberts
ASSISTANT ART DIRECTOR Penny Cobb
INDEXER Diana LeCore

ART DIRECTOR Moira Clinch
PUBLISHER Piers Spence

Manufactured by Regent Publishing Services Ltd, Hong Kong
Printed by Leefung-Asco Printers Ltd

綜　論

數位藝術是否可以進入藝術殿堂？它是不是一種被接受、被承認的藝術形式？這個問題一再被提出討論。也許提出這個問題的人，本身患了「科技恐懼症」，也許他們認為電腦會剝奪創作的神性，與創作的本質。這些說法都不正確。不論藝術表現的媒材是什麼，藝術最珍貴的價值，還是作者的原始創意；電腦僅只是許多工具中的一種而已。

使用電腦來從事藝術創作，充滿了無限的奧妙與樂趣。數位科技提供了更多可能性的試驗機會。你大可不必擔心昂貴的顏料或紙張費用，放膽嘗試各種新材質、新表現技法，也許發現其他用傳統繪畫材料，所無法達到的技巧。

> ***“我敢打賭，達文西一定馬上衝出去買一台 iMac 或數位板回來。”***

在我們慣性的認知裡，藝術一直是與科學格格不入，但是現今數位科技時代來臨，卻把兩者的鴻溝弭平，藝術可以與科學並駕齊驅。電腦創作藝術跟源於純粹數學的運用，它開創了一個嶄新的藝術表現新紀元。今天，藝術作品可以透過網際網路，即時呈現在全世界觀眾的眼前。甚至居處地球兩端的藝術家，經由網路的串聯，也可同時來進行同一件作品的創作過程，這是絕對可行的。

藝術工作者應該視電腦為另一種創作工具，另一種媒材。雖然這本書最主要的任務，是想以數位化的工具與科技，來指導讀者模擬傳統的繪畫媒材效果。但是我也期盼，這本書也是一個契機，各位讀者也許能從中發展出全新的表現效果，而這些效果是傳統技法過去所不曾有的，未來也不會有的。讓數位繪畫發揮無限的潛能與可能！

所以盡情享受數位繪畫吧！

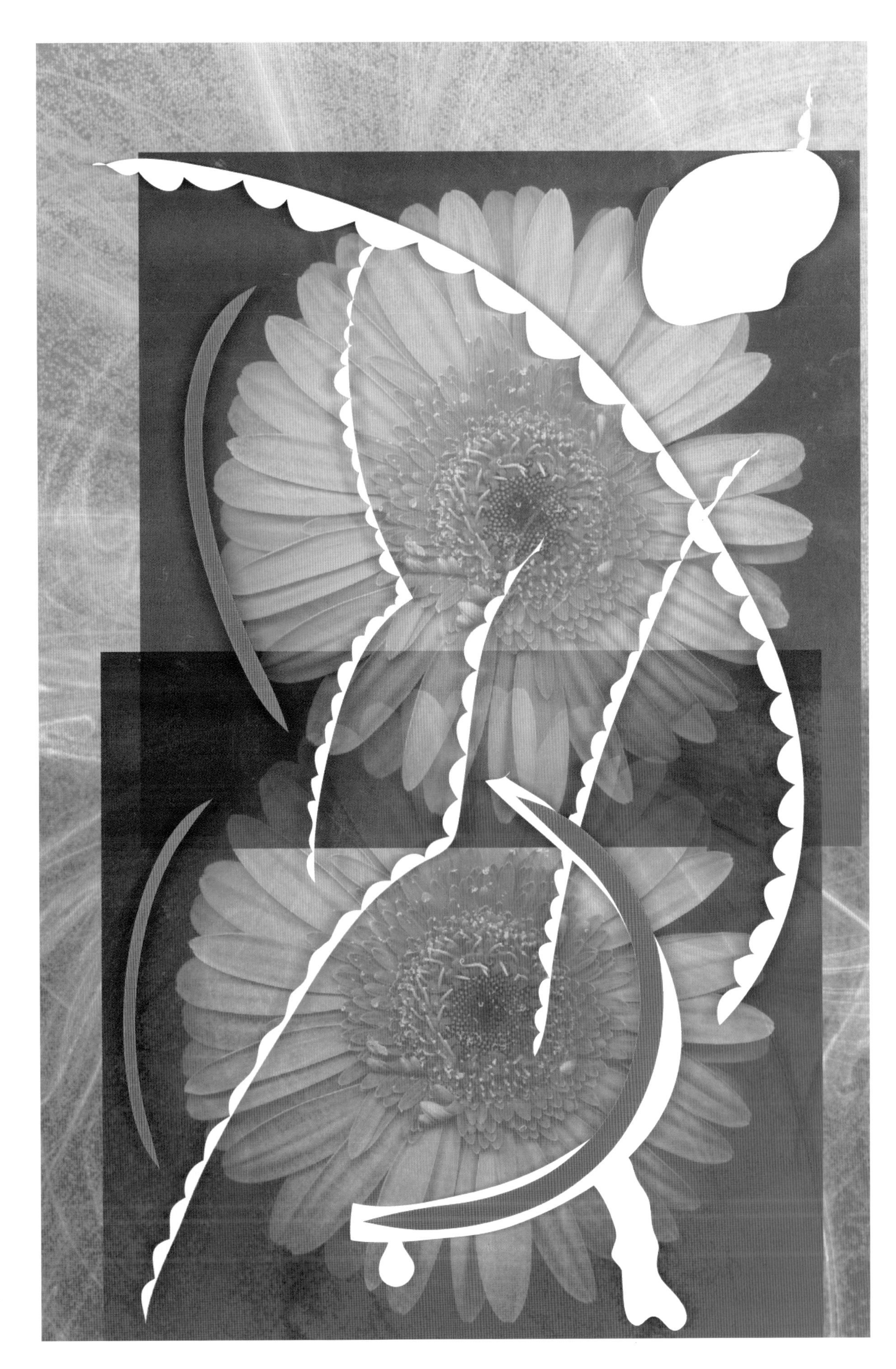

作者Glen Wilkins
題名：龜裂
1999

XRES

Photoshop

Illustrator

PhotoDeluxe

Painter

Art Dabbler

ColorIt

CorelDRAW

CorelPAINT

LivePIX

FreeHand

如何使用本書

這本書基本上分爲三大領域，都是在說明「數位繪畫」所必須具備的背景知能、應用理論與實務。將一系列傳統繪畫媒材的表現技法，以全新的數位方法，重新詮釋與再造。

在第一章裡，首先介紹數位繪畫所需的硬體設備與軟體應用程式。之後再解釋數位繪畫的基本原理。接著，以每一種傳統繪畫媒材爲單元，依循序漸進的步驟，輔以深入淺出的提示，示範操作，讓你的電腦發揮極至的功能。

第二章裡，要將上一章學得的新技法，應用於實際練習上，並且引入進階的技法，讓你的創作更上一層樓。

當作品在電腦上完成後，第三章將告訴你一些數位科技方面的知識，讓你的傑作能順利列印輸出。

標題

顯示此跨頁的主題。以及標示繪製此主題效果時，是使用「外掛模組程式」或「數位板」。

小圖像

每一頁旁側的小圖像，顯示適用於此主題的「應用軟體」。

技法樣式

顯示此主題系列的技法表現樣式。

54 數位工具：繪畫工具

油性粉彩筆—配合數位板

油性粉彩以油性原料爲基質所以彩料黏稠，在底紙或畫布上可繪出濃烈的筆觸。由於它有這種特性，所以色彩混色是以加成的效果呈現，其用色控制更具彈性與方便。可在原來的色塊或筆劃上，快速地添加其他顏色，或作細部的修飾。很適合用於速寫繪畫。

筆壓

藉由增加筆的壓力，加重筆劃的色彩濃度。油性粉彩筆不像前單元的粗粉彩筆，它很容易把底紙的紋理蓋滿，較無飛白效果。

塗抹

傳統油性粉彩筆可以使用手指或粗布來塗抹。數位油性粉彩筆則可用濕筆刷在原筆劃處塗刷，柔化筆劃。

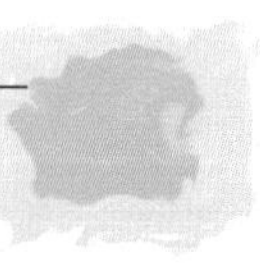

粗紋底紙

在自創的粗紋底紙或是有色底紙上嘗試用[illegible]

漸變混色

使用多種顏色的短促筆觸，層層相疊可以[illegible]漸變到黃綠。

交叉筆觸

交叉筆觸技法適用於各類粉彩筆，很容易用這種筆觸交織成色調豐富的色面。

彩色光點

短筆觸並列彩色點形成色面，並在觀者的眼睛中自動以色光的原理混色，產生亮麗的顏色。

柔色調

筆壓小、大面積、軟筆刷，可模擬粉彩筆側面運筆的效果。

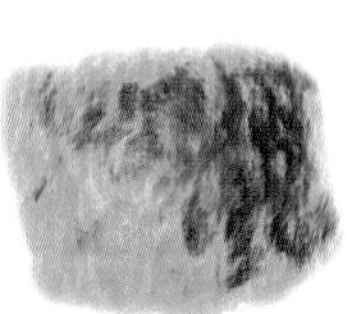

粗重筆觸

粗重筆觸會稍有立體感。可以先施用濃厚的顏色與較大的筆刷，之後再用燈光濾鏡運算。在筆觸或色彩交會處，會產生陰影深度。

細節

仔細處理強光點，可以表現玻[illegible]皿的立體感與透明感。例如圖[illegible]有曲面的玻璃瓶上若要繪製前[illegible]效果，那麼強光點的形狀必須[illegible]曲面發展，而且其邊緣要模糊。

每一跨頁左旁的圖像，顯示完成此一技法示範，可能用到的「應用軟體」。

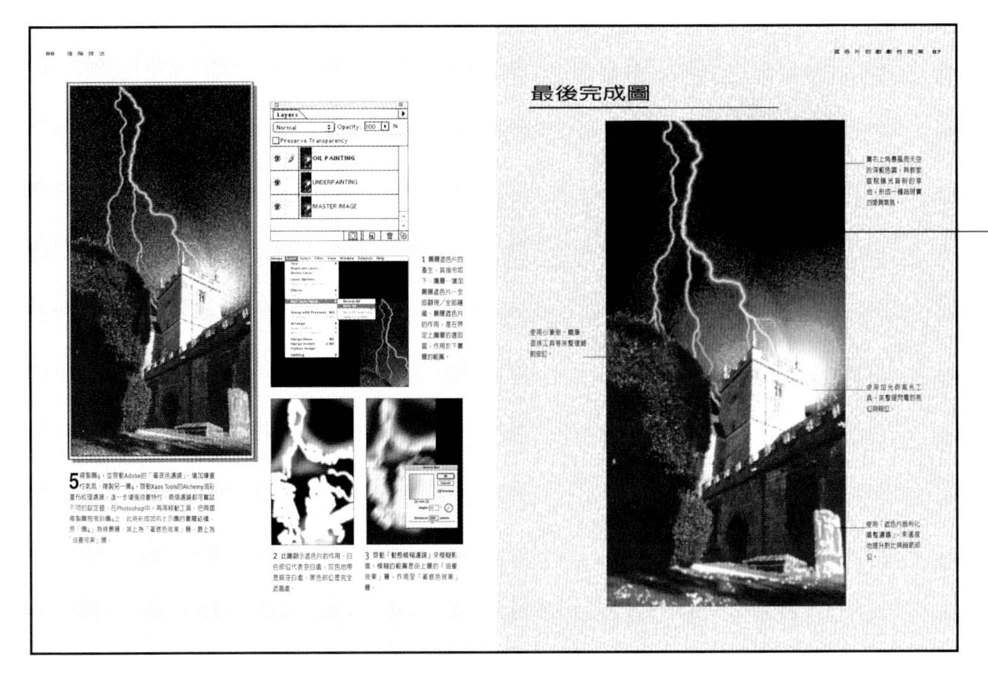

完成圖

另以許多附加說明與訊息，解說完成圖的修飾。

每一單元作業，都以清晰的條列方式進行示範教學。使整個繪畫過程都可以很容易依序進行。

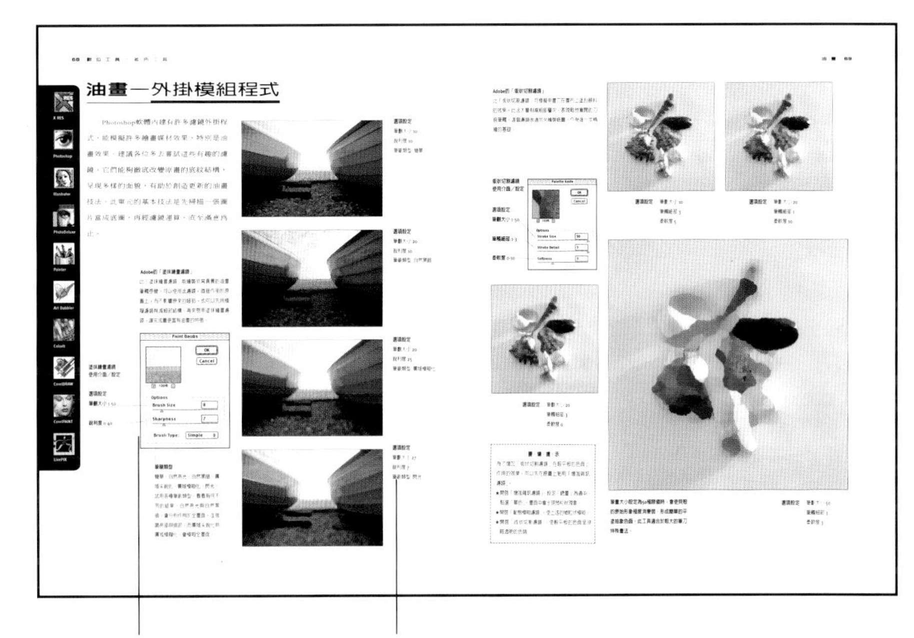

控制面板

各種設定操作介面的說明與使用。

選項設定

如何設定外掛模組程式參數值，以達到圖示效果。

要領提示

進一步的建議，使你的作品更完美。

何謂數位藝術？

數位藝術可以定義如下：任何在創作過程中的全程，或某一階段使用了電腦來處理素材，最後所呈現的圖像全貌，此可稱爲「數位藝術」。作品可以完全以電腦及其周邊設備製作，也可以是用電腦以某種方式轉換。此定義還包括那些用於書籍、海報、雜誌等印刷品上的掃描圖像。所有在這樣的情況下，一般使用印刷媒體的讀者，其實可以算是正在應用「數位藝術」。然而本書所謂的「數位藝術」，僅指那些在電腦上使用繪畫軟體、影像處理軟體，來繪作的創造過程。

虛幻還是真實？

在數位藝術的過程中，作者是以數位化的最小單元－「像素」來繪製圖像，用以詮釋抽象的創意。而此圖像其實只是電腦上，一連串「像素」的陣列組合而已。說的更精確，是由無數唯有電腦看得懂的「0」與「1」，或「開」與「關」的電子訊號所組成。因此，數位圖像可以非常容易修改、複製，甚至以網路傳輸到世界每一角落的其他協同工作者，或大衆的眼前。所以，作者的意念是以「數學」的方式具象化、視覺化。意念不再是在傳統的畫布、畫紙上呈現了。爭論於是產生，有些人認爲，除非把在電腦上完成的圖像列印出來，否則謂數位藝術就不是眞的！你認爲呢？

實現構想

現今，創作者都能使用各種影像處理與繪畫軟體上的功能，來模擬傳統畫材的特性效果。有人不禁要問：那麼爲何要多此一舉，用數位工具來取代傳統畫材？答案是：數位化確實是有很多方便的好處！

數位化的最大好處是，它充滿了嘗試的樂趣，潛藏著無限的可能性。因爲電腦運算速度非常快，所以作者可以

作者Katie Hayden，使用軟體Photoshop。

作者Donald Gambino，使用軟體Photoshop。

作者**Philip Nicholson**，使用軟體Painter。

作者**KEN RAMEY**, 使用軟體Photoshop 的濾鏡程式。

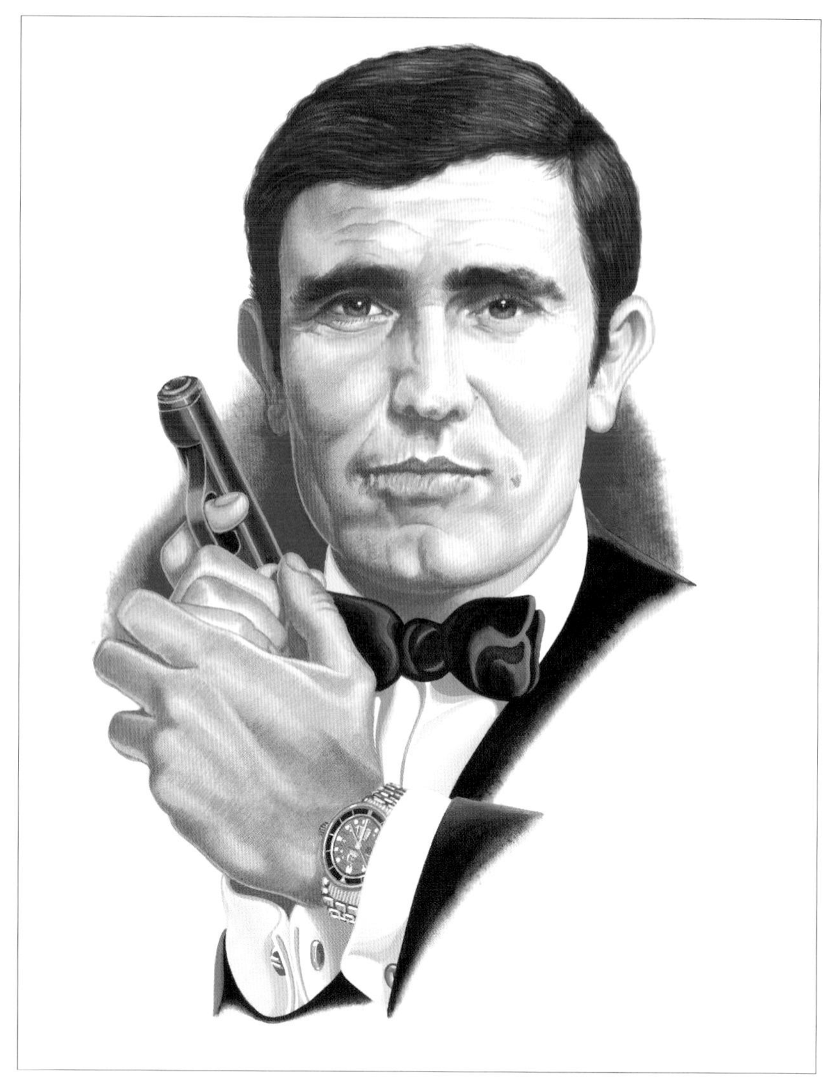

作者**BRIAN WILKINS**,
George Lazenby,
使用軟體 Painter。

非常輕易經由修改、嘗試等動作，來改變作品的構圖或色彩等，甚至組合不同媒材，直到滿意爲止。這種不會浪費畫材，且可以反覆使用的功能，僅只在按鍵一刹那間就能完成。由於作品能在繪製的過程中之某一階段，儲存其動作記錄，所以也給作者許多方便，讓他有機會回到原初動作，重新來過。數位工具也提供各種繪畫效果試驗的廣大空間，這些都是傳統畫材、畫筆、顏料所無法作到的。譬如，用水彩顏料在油性顏料上作畫。

如今，愈來愈多的商業用插畫、圖像完全直接採用數位工具繪製。這是因爲時間與經濟因素的考量；例如，出版商不願浪費時間，等待原作的顏料乾燥再進行下一步驟處理。盡量避免使用原畫來掃描，因爲它的費用較高。

唯一令數位繪畫者感覺到無法釋懷的是，從此便與傳統的、熟悉的顏料、畫筆、畫布等的實際接觸機會，將會減少。

外掛模組程式

現在幾乎每一種繪圖或影像處理軟體，都有一些協同廠商，開發一些外掛式的模組程式，供該軟體使用以增強其繪圖功能；我們在「數位繪畫設備」章節裡將會詳細解釋。外掛程式一般是安裝在主軟體上，譬如Adobe Photoshop。用「濾鏡指令」來產生如傳統繪畫的筆觸效果，如彩色鉛筆、炭筆、粉彩等。也可以製作諸如模糊、清晰、馬賽克、結晶等特效。甚至可以在原作上，加上各種形狀的邊框，或是一些偶然成形的材質肌理。

另外也有一些外掛程式，是專爲數位繪畫的後端作業而設計的。例如專業色彩校正軟體，是爲配合日後印刷分色輸出時，能正確呈色時使用的。

何謂像素

「像素」是構成數位影像最基本最小的單位，好比是像建築物的磚塊。而作者就是以這些像素來構築他的作品。

作者 Paul Crockwell，
後景使用軟體 Photoshop與 Photoimpact。

作者Randy Sowash，
使用軟體 Photoshop。

作者 Kit Monroe，
使用軟體 Photoshop與Kai's Power Tools外掛模組程式。

電腦螢幕上的像素形狀是四方形小塊，很像浴室內的瓷磚。把許多種顏色、質感的瓷磚，依我們的構想將之拼組起來後，若從遠處觀看，就可以看出整個畫面的全貌。若所使用的瓷磚愈小、數目愈多，整體畫面的質地會愈清晰、細緻。

所以，首先在繪製任何數位作品以前，瞭解這幅畫需要多少塊「瓷磚─像素」，是非常重要的（請參考第32頁：掃描解析度設定）。第二點要注意的是，構成此作品的每一個像素包含了多少「資訊」，也就是所謂的「bit-depth」，若是只指色彩的話，就是要知道此畫的「色彩模式」。假使牆壁只是用「黑」與「白」兩種瓷磚拼貼而成，那麼這種色彩模式就稱爲「黑白線條─line art」。若是在「黑」與「白」中再增加「灰」瓷磚，此時整面牆壁的明暗調子會益顯豐富，這種色彩模式稱爲「灰階─grayscale」。若是要呈現更多彩多姿的色彩模式，那麼就需要許許多多不同顏色的瓷磚來拼貼了。由此可見，數位繪畫有時必須在影像品質與工作速度上妥協，取得一平衡點。

作者 Lesley Wilkins，使用軟體 Colorit。

作者 **Maureen Nappi**，使用軟體 Photoshop與Kai's Power Tools外掛模組程式。

作者 **Wendy Grossman**，
使用軟體 Illustratr、Photoshop、
Ray Dream Designer。

規劃個人工作室

電腦

電腦是數位繪畫創作者首先要考慮購買的工具。其中最須注意的是「中央微處理器」CPU。中央處理器可說是一部電腦的心臟，它負責電腦運作時的整體運算作業，它的運算速度將大大地影響工作的快慢。不論你決定購買PC或Mac平台，有三個主要因素要考慮：

- ●運算速度
- ●隨機存取記憶體（RAM）
- ●硬碟容量

Apple G3 基本規格

是目前專業設計工作者非常喜愛的機型。處理器的核心運算能力介於300至450MHz之間。主機外殼可拆卸允許自行擴充。很能滿足現在越來越龐大的軟體之工作之需求。此處展示的螢幕是Apple studio display。

處理器

電腦主機內的處理器控管所有的運算單元、控制單元、記憶體，甚至主機板上的線路等。處理器的核心運算能力是以「MHz 百萬赫茲」來計算，也就是電波頻率是以每秒多少百萬次震動。MHz愈高，處理器的運算能力愈強，當然完成一個指令的動作也愈快，所以作者的繪畫工作時間就愈短，工作也變得更輕鬆。現在的繪畫與影像處理軟體愈來愈龐大，指令動作愈來愈複雜，處理器的運算速度也必須更快速，否則會發現在下達一個指令後，運算的時間會延滯很長。在預算許可的情況下，選購具備最高速處理器的電腦是聰明的選擇。現代的電腦科技一日千里，軟體的功能愈來愈強大，所需的記憶體也愈大。不論是硬體或軟體，其淘汰速度快得令人咋舌。當今最快的電腦也許不久就落伍了，甚至無法升級，這些都會影響你的工作。

PC工作平台的標準處理器

Apple iMac 機型

由於其非常前衛的造形與色彩，倍受e世代的人們歡迎。是 款功能強大，使用界面非常友善的電腦。配備存取快速的硬碟，高速運算能力的處理器，使它成為個人工作室的寵兒。

作者 **Maureen Nappi**，使用軟體 Photoshop與Kai's Power Tools外掛模組程式。

作者 **Wendy Grossman**，
使用軟體 Illustratr、Photoshop、
Ray Dream Designer。

規劃個人工作室

電腦

電腦是數位繪畫創作者首先要考慮購買的工具。其中最須注意的是「中央微處理器」CPU。中央處理器可說是一部電腦的心臟，它負責電腦運作時的整體運算作業，它的運算速度將大大地影響工作的快慢。不論你決定購買PC或Mac平台，有三個主要因素要考慮：

- ●運算速度
- ●隨機存取記憶體（RAM）
- ●硬碟容量

Apple G3 基本規格

是目前專業設計工作者非常喜愛的機型。處理器的核心運算能力介於300至450MHz之間。主機外殼可拆卸允許自行擴充。很能滿足現在越來越龐大的軟體之工作之需求。此處展示的螢幕是Apple studio display。

處理器

電腦主機內的處理器控管所有的運算單元、控制單元、記憶體，甚至主機板上的線路等。處理器的核心運算能力是以「MHz 百萬赫茲」來計算，也就是電波頻率是以每秒多少百萬次震動。MHz愈高，處理器的運算能力愈強，當然完成一個指令的動作也愈快，所以作者的繪畫工作時間就愈短，工作也變得更輕鬆。現在的繪畫與影像處理軟體愈來愈龐大，指令動作愈來愈複雜，處理器的運算速度也必須更快速，否則會發現在下達一個指令後，運算的時間會延滯很長。在預算許可的情況下，選購具備最高速處理器的電腦是聰明的選擇。現代的電腦科技一日千里，軟體的功能愈來愈強大，所需的記憶體也愈大。不論是硬體或軟體，其淘汰速度快得令人咋舌。當今最快的電腦也許不久就落伍了，甚至無法升級，這些都會影響你的工作。

PC工作平台的標準處理器

Apple iMac 機型

由於其非常前衛的造形與色彩，倍受e世代的人們歡迎。是一款功能強大，使用界面非常友善的電腦。配備存取快速的硬碟，高速運算能力的處理器，使它成為個人工作室的寵兒。

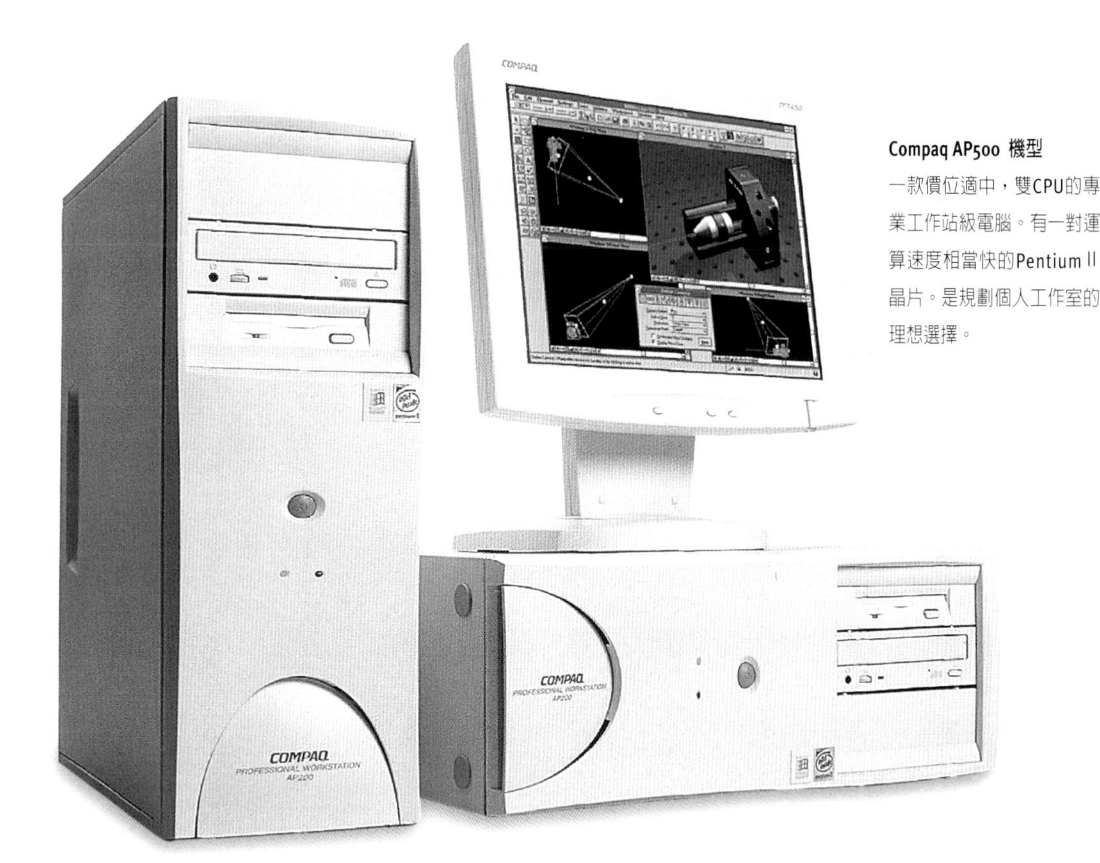

Compaq AP500 機型
一款價位適中，雙CPU的專業工作站級電腦。有一對運算速度相當快的Pentium II晶片。是規劃個人工作室的理想選擇。

是Intel Pentium或其它相容晶片，如今已成爲PC電腦的主流配備。 在規劃工作室時PentiumIII是一個不錯的選擇。

Mac工作平台目前採用的處理器是PowerMac G3或G4，它的運算能力高達400至450MHz，而且還一直往上攀升。這種晶片的運算能力測試結果與PC的沒有關連。實際操作觀察結果是 G3或G4確實是比PC快速。加上Mac內部的封閉式建構，使它的速度高於定義的標準值。譬如，G3的350MHz速度可以相當於Pentium的400MHz。

隨機記憶體

隨機記憶體（簡稱 RAM）可說是一部電腦工作能力的指標。RAM是軟體運作時指令動作運算的空間，常以Mb（megabytes一百萬位元組）爲單位計算。RAM愈大電腦工作的能力愈大。一般電腦主機都可以依使用者的需求，自行添購RAM插入擴充槽。從事數位繪圖或影像處理工作，RAM最少的需求量大約是64Mb，當然在經濟能力的許可下，添購足夠的RAM對工作是愈有幫助的。

在處理數位圖像工作時，最好把全部的RAM，依該圖檔大小的三至五倍分配給它。所以一個20Mb的Photoshop圖檔，需要60至100Mb的RAM分配量。若要工作順利，一部電腦的內建標準RAM應該要有128Mb。

硬碟

硬碟的儲存空間是以Gb（gigabyte 十億位元組）爲單位計算。它的主要工作之一，是在電腦關機後仍然能存記資料不消失，供開機後再讀取。當然硬碟的儲存空間愈大，對工作的進行愈有幫助。但是將全部的資料儲存於同一顆硬碟上也有風險，萬一不幸硬碟損壞全部的資料將流失。「不要把全部的雞蛋放在同一個籃子內」是明智之舉。 所以備份資料是必需的功課。

有時也可透過作業系統的運作，將一部份的硬碟充當RAM使用，也就是所謂「虛擬記憶體」。它會把先把圖檔的部份資料存在硬碟上，用RAM運算其餘部份的資料存檔後再召回先前的部份資料繼續運算。這種變通的作業方式會降低運算速度，增加工作時間。有時甚至會造成硬碟空間不足，無法儲存進行中的工作。所以預留工作中圖檔大小約三倍的硬碟空間，是明智之舉。

目前硬碟的儲存空間愈來愈大，價格愈來愈便宜。建議規劃工作室時最少要4Gb的硬碟。當然越大的硬碟空間對你的工作越有利。但是請務必養成備份資料的習慣。

螢幕

螢幕其實是使用者與電腦最直接的「界面」。螢幕的大小是以其對角線的長度界定。常見的規格有：15英吋、17英吋、19英吋、20英吋、21英吋幾種。它的價格並不一定與其大小有正比的關係，一個高品質的20吋螢幕之價格，也許是一般17吋螢幕價的雙倍。通常採購電腦的方式都是主機與螢幕一起買，這樣可以降低整體成本。但是家庭用電腦的套裝專賣，都是配備15英吋螢幕，這對專業圖像工作者實在不夠。就好像其他週邊設備一樣，價格越高的設備，對你的工作越有助益。尺寸越大的螢幕，工作起來越方便。當然，在20吋與21寸的螢幕之間猶豫，就沒有必要了！

Apple Studio Display 螢幕
此平面超薄式螢幕採用TFT（ Thin Film Transfer）以減少佔用空間。此型螢幕支援高解析度，但是其掃描頻率較一般螢幕低。

還有一種較豪華的作法是，一部主機同時接一台15英吋螢幕與17英吋螢幕：這要比購置一台32英吋的螢幕便宜許多。作業時同時打開兩台螢幕，在作整個畫面編排時，使用較小的螢幕，在作局部繪製時，使用較大的螢幕；這樣可以減少畫面比例切換的次數，節省寶貴時間。

螢幕是以主機內的「視訊卡」電路板驅動，其功能與速度會因廠牌、價格與需求而不同。支援螢幕的解析度越高，掃描頻率越高則呈色越精準，其價格也越高。

螢幕解析度與色彩範圍（256色、全彩、高彩），對數位繪畫工作非常重要，所以當購買電腦與螢幕時，要先檢視兩者條件是否附合你的工作需求。

數位板與數位壓力筆

傳統繪畫工作者習慣使用眞正的畫筆與鉛筆。這使那些轉換使用數位工具的「藝術家」總覺的滑鼠是一種笨拙的繪畫工具。解決之道就是添購「數位板」與「數位壓力筆」。數位板連接電腦，其功能就好似一塊傳統的畫板，而數位壓力筆就是畫筆或鉛筆。滑鼠的指標會隨著數位壓力筆在數位板上的動作，畫出筆觸軌跡，甚至隨著數位壓力筆的壓力，表現如同眞實的繪圖效果。使用者憑感覺使用工具，不需要學習新的操作技巧。

數位板有各種大小尺寸，小如明信片大

Wacom Intuos 數位板與數位壓力筆系列，提供與傳統繪畫工具相似的工作環境。數位筆的壓力值可以以設定不同參數值來改變，用來產生各種不同粗細、濃淡的筆觸；數位筆尖的另一端是橡皮擦，有擦拭的功能。

至A3或更大。當然面積越大使用起來越方便，但越價格也越昂貴。A5規格成本不高，很適合個人工作室採用。某些數位板也內建一些指令按鈕，其功能類似鍵盤按鍵如control、option等，可作複製、存檔、打開舊檔、打開新檔等動作。

數位壓力筆有「筆壓感應」的設計。在使用軟體繪畫時可以藉由使用者的筆觸壓力，在畫面上可以造成線條粗細不同、色彩明度彩度不同等的效果。不同效果需求可選用不同的數位筆，譬如Wacom Intuos系列便提供了水性墨水、噴筆、油性彩繪顏料等多種效果的數位壓力筆選擇。

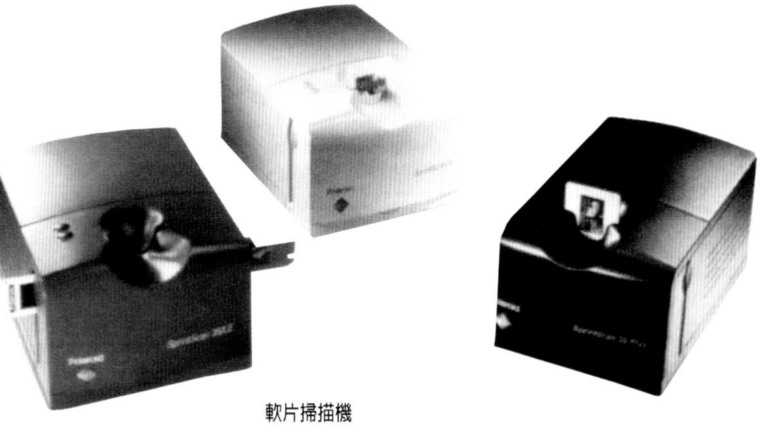

軟片掃描機

這些類型的軟片掃描機，是專為掃描35mm正片與負片等透射原稿。能以高解析度掃描原稿。較平台式掃描機節省佔用空間。

掃描設備

所謂「輸入設備」是指那些用來擷取影像，再輸入電腦供數位處理的設備，包括掃描機、數位相機、數位錄影機、視訊擷取機、數位板與數位壓力筆等。

桌上型平台式掃描機是個人工作室最常用的輸入設備。這類掃描機的價格都不高，是掃描照片不可或缺的設備。它的操作方式很像影印機，反射原稿（照片）或透射原稿（幻燈片）置於玻璃平台上，一束平移的光線掃過原稿，掃描機內的CCD晶片（電荷耦合器）擷取圖像類比資料，再把它轉換成在電腦上可以用軟體處理的數位資訊。「軟片掃描機」是專為掃描幻燈片（正片）等透射原稿，它的掃描品質會比使用平台掃描機處理透射原稿來得好。評估掃描要考慮兩個重要因素：「光學解析度」與「色彩深度」或稱「位元深度」。光學解析度越高，掃描出來得影像品質越清晰，層次越豐富：尤其是暗部的質感層越細緻。光學解析度一般都是以dpi（dots per inch 每一英吋多少個點）為計算單位，通常都提供300×600 dpi 光學解析度。「色彩深度」是以位元為度量單位， RGB 色光模式需要24位元，CMYK色料模式需要32位元（參閱28頁數位色彩體系、32頁掃描解析度設定）。在價格與品質之間尋找一平衡點，是購買掃描設備必須考慮的。

桌上型平台式掃描機

Agfa Snapscan 是一款價格實惠，品質不錯的桌上型平台式掃描機。同時支援PC與Mac系統。

數位相機

靜態畫面數位相機的操作方式與傳統式的全自動相機類似。其最大的好處是已經數位化的影像，立刻可已輸入電腦作進一步的處理。目前數位相機的功能與品質越來越進步，而其價格越來越下降。

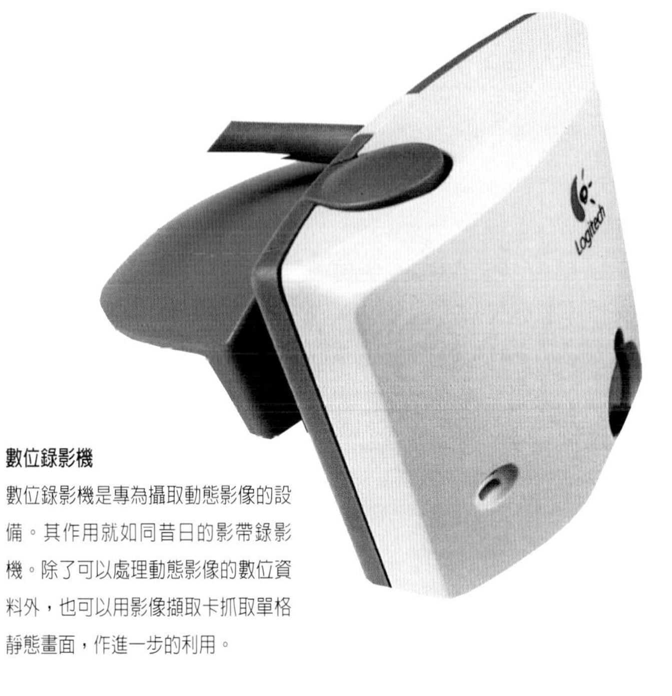

數位錄影機

數位錄影機是專為攝取動態影像的設備。其作用就如同昔日的影帶錄影機。除了可以處理動態影像的數位資料外，也可以用影像擷取卡抓取單格靜態畫面，作進一步的利用。

數位相機

數位繪圖工作者的另一種有力的擷取影像的工具就是「數位相機」。其操作方法一如傳統的相機，唯一的不同是以CCD（電荷耦合器）攝取影像，儲存於「影像記錄卡」上。機動與方便是它優於桌上型掃描機的地方，不必要使用傳統感光材料，就可以快速地拍攝到你所需要的繪畫素材。

印表機

現今桌上型印表機的價格越來越便宜，操作越方便，輸出的圖像品質越精緻。它是用噴嘴分別將墨水匣內的四種或六種顏色的染料，以微細的點狀非常均勻地噴灑在印紙上，形成色調豐富，質感逼真的圖像。大部份的桌上型印表機，最高可以以1400dpi的模擬解析度輸出，若再配合專用的相紙，幾乎可以達到非常好的列印品質。印表機都是以驅動程式帶動，有些還會附帶色彩校正軟體，用來修正色調偏差求得最佳品質。專業級印表機可提供從A4到海報尺寸的輸出。

彩色雷射印表機的輸出原理與彩色影印機很相似，是利用雷色光將圖文的資訊掃描在滾筒上，再用靜電原理吸取CMYK顏料後印在紙上。由於這類印表機的價格相當高，所以並不適合個人工作室選購。其最高的輸出尺寸是A3，超過這尺寸的就要分割輸出，再併張組合。

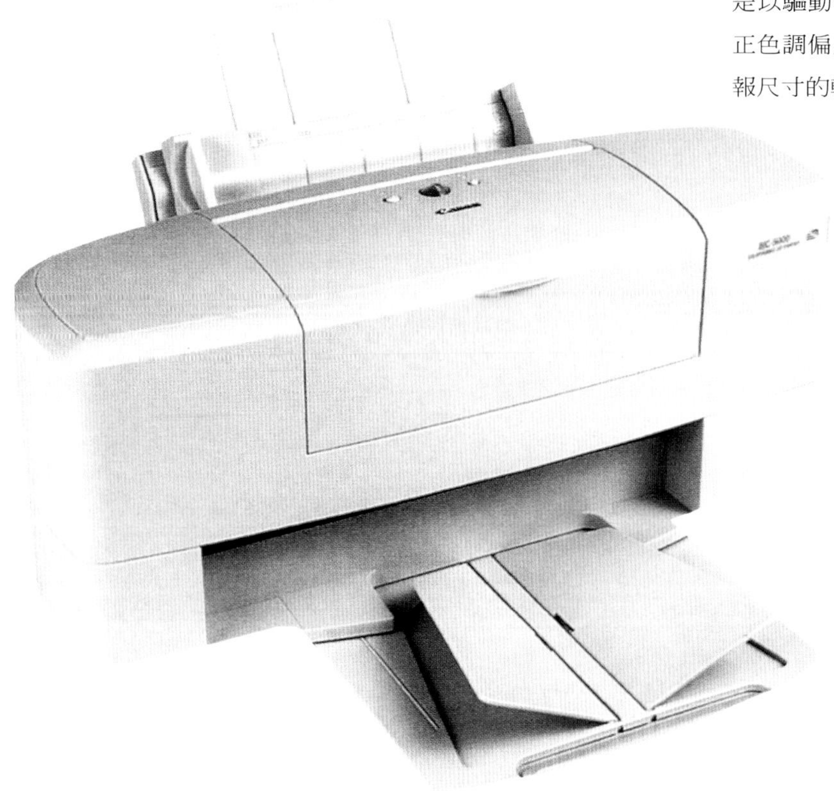

桌上型印表機

目前市面上的桌上型印表機價格都非常平實，但功能與品質都相當理想，已有專業的水準。它的輸出材料非常廣泛，除了一般紙材外，也可以選用相紙、透明膠片，甚至較厚的特殊紙、水彩紙等。

儲存與檔案管理設備

對數位化工作者而言，不論是工作進行中的檔案備份，還是工作完成後的檔案儲存，都非常重要。由於數位繪畫檔案的性質特殊加上容量都非常龐大，所以若將資料全部儲存在硬碟上，硬碟的空間很快就爆滿了。所以要有其它的工具來專司儲存與檔案管理的工作。許多款式的抽取式磁碟機，很適合作暫時的資料備份與資料的傳輸。但是並不宜作常期的資料保存。

光碟燒錄機是目前最常用來作資料常期保存的設備。其價格並不高，光碟片耗材也不貴。它是藉燒錄的方法，把檔案資料複製到CD光碟片上，由於CD材質很穩定不易損毀，而且體積不大，儲存容量很大，所以很適宜作資料永久保存與檔案管理。雖然目前的CD光碟片大多可以重複燒錄多次，但是其價格稍高，重複使用的誘因不多，所以也很少人如此作。

磁碟種類	儲存容量
內建硬碟	1.0Gb-12Gb
外接硬碟	4.0Gb-72Gb
Jaz 抽取式磁碟	2.0Gb
Jaz 抽取式磁碟	1.0Gb
CD光碟	650Mb
Iomega Zip抽取式磁碟	250Mb
Zip	100Mb
DVD-RAM	5.2Gb
DVD光碟	2.6Gb
3.5吋磁碟	1.4Mb
MO磁碟	128Mb-2.6Gb
DAT磁帶	1.3Gb-70Gb

抽取式硬碟機

某一款式的抽取式硬碟。有120Mb的儲存空間，很適合作暫時的資料備份與資料的傳輸。有些機種又附加一般常用的3.5吋的磁碟機。

Zip 抽取式磁碟機

它的磁片大小約與一般3.5吋磁片相近，但是儲存容量可高達100至250Mb。磁碟機可以另購外接，也可以內建於主機上。

	應用軟體	軟體種類	出版商	出版商網址
XRES	XREX 2.0	影像處理	Macromedia	www.macromedia.com
Photoshop	PHOTOSHOP 5.0	影像處理	Adobe	www.adobe.com
Illustrator	ILLUSTRATOR 8.0	向量繪圖		
PhotoDeluxe	PHOTODELUXE	影像處理		
Painter	PAINTER 5.5	彩色繪畫	MetaCreations	www.metacreation.com
Art Dabbler	ARTDABBLER	Painter的精簡版		
ColorIt	COLORIT 4.0	彩色繪畫	MicroFrontier,Inc	www.microfrontier.com
CorelDRAW	CORELDRAW 8	向量繪圖	Corel	www.corel.com
CorelPAINT	CORELPHOTOPAINT	影像處理		
LivePIX	LIVEPIX 2.0 DELUXE	影像處理	Live Picture Inc	www.livepicture.com
FreeHand	FREEHAND	向量繪圖	Macromedia	www.macromedia.com

應用軟體與外掛模組程式

前頁的圖表中列出一些常用的數位繪畫軟體。購買軟體前要先瞭解它的屬性，是屬於點陣的影像處理軟體？還是點陣的彩色繪畫軟體？還是向量繪圖軟體？這三類軟體的基本結構不同，它們的工作領域也不一樣，所以採購前要先嘗試試用版。購買三類軟體時最好選擇同一出版商的產品，因爲應用軟體之間的檔案轉換、置入、輸入等的相容性較高。

外掛模組程式

下面圖表列出常見的外掛模組程式，它們都與PC或Mac相容。是外掛於Photoshop濾境指令欄下，相容性很高，可以連上該公司網站查閱。

應用軟體	軟體種類	出版商	出版商網址
Andromeda Series 1	攝影濾鏡特效 光學鏡頭特效	Andromeda	www.andromeda.com
Andromeda Series 3	網屏特效		
Andromeda Shadow Filter	陰影特效		
Andromeda VariFocus Filter	攝影焦點特效		
EdgeWizard 2	各種邊框特效	Chromagraphics	www.chromagraphics.com
Eye Candy 3.0	有趣的特效	Alienskins	www.alienskins.com
Xenofex	16種特效		
Paint Alchemy 2	繪畫特效	Xaos Tools	www.xaostools.com
Total Xaos	特效組合		
Photo/Graphic Edges 3.0 Volume I Photo/Graphic Edges 3.0 Volume II Photo/Graphic Edges 3.0 Volume III Photo/Graphic Pattern	傳統邊框特效 幾何邊框特效 藝術邊框特效 現代風格背景圖案		
Ultimate Texture Collection Volume I Ultimate Texture Collection Volume II Ultimate Texture Collection Volume III	紙材與纖維特效 石材與金屬特效 自由創意與特效		
Typo/Graphic Edges	字型與圖案邊框特效	Auto F/X	www.autofx.com
PhotoFrame Volume 1 PhotoFrame Volume 2	創意邊框 創意邊框	Extensis	www.extensis.com
PhotoTools 3.0	實用的特效工具		
Intellihance 4.0	色彩校正與影像增強工具		
HVS ColorGIF 2.0	影像壓縮	Digifrontiers	www.digifrontiers.com
HVS Toolkit	支援Photoshop的網頁設計工具		

Plug-in

數位繪畫工具

輸入影像

數位繪畫與傳統繪畫最大的差異是工作的方法。傳統的繪畫可以攜帶工具顏料等在室外寫生；但是數位繪畫要將電腦設備全部搬到戶外現場描繪幾乎是不可能了。所以，參考照片來繪畫就成了必需的步驟。以下介紹幾種把影像輸入電腦給應用軟體使用的方法與設備。

掃描機

目前桌上型平台式掃描機的品質越來越好，且價格越來越低，所以幾乎已成了個人工作室基本的配備之一了。它的操作方式很像影印機，反射原稿（照片）或透射原稿（幻燈片）置於玻璃平台上，一束平移的光線掃過原稿，掃描機內的CCD晶片（電荷耦合器）擷取圖像類比資料，再把它轉換成在電腦上可以用軟體處理的數位資訊。

照片光碟

傳統的感光軟片上的類比影像，可以經由掃描與柯達發展出來的專業技術，轉成數位影像後燒錄在「照片光碟」上。所有圖檔都有高解析度與低解析度兩種，以TIFF或JPEG兩種格式儲存以方便取用。Photoshop軟體都可以開啓。

錄影帶

影像擷取卡可以從一般錄影帶上抓取單格影像，轉換成數位影像。但是它的解析度都相當低影像品質不佳，僅適合作參考圖片用，不適合作爲繪畫素材。

錄影攝影機

它是傳統的拍攝動態影帶的設備，影像屬於類比影像。但是它的解析度都相當低影像品質不佳，僅適合作參考圖片用，不適合作爲繪畫素材。

數位錄影攝影機

它與傳統錄影攝影機作用一樣，但是影像是直接數位化不須再擷取、轉換。通常數位錄影攝影機可藉連接埠直接與電腦連線。

數位相機

它專司攝取靜態影像，操作方式與一般自動相機一樣。數位影以JPEG格式儲存於「影像記錄卡」上。電腦可連接「讀卡機」讀取影像；或藉連線直接與數位相機相連以讀取影像。

DVD

是目前較新盈的儲存資訊的媒介，它的容量非常龐大。現代的電腦幾乎都配備有讀取DVD的磁碟機。

網際網路

網際網路可說是現在最廣泛最豐富的圖像資源。然而網路上的圖像大多是低解析度的小圖，雖無法直接運用，但也頗具參考價值。

圖庫光碟

現在的圖庫光碟內容包羅萬象、五花八門，舉凡向量圖、點陣圖、攝影、動畫等一應具全。這些光碟大概都已經依類別區分妥，例如人物、景觀、動物、植物等。圖像都是由專業人員繪製，使用人必須合法購得，並在同意其版權的條件下才可以正式取用。

直接描圖輸入

描圖工作可以在特殊的數位畫板與畫筆進行。將要描繪的原始底圖放於畫板上，或畫板下；作者可以依原搞或其投影描繪輪廓線，再轉入繪圖軟體上處理。

> **版權**
>
> 創作的圖像受著作權法保護，他人不可未經授權使用與複製。所以使用這類圖像時要非常小心避免侵權。若必須使用則一定要取得授權，否則寧可不用。

典型的網際網路圖像搜尋介面

網際網路中提供了大量的圖像資源。雖然螢幕上都是低解析度的圖像，但是有些圖庫出版網站，也提供免費試用高解析度圖檔，供人以FTP軟體下載。

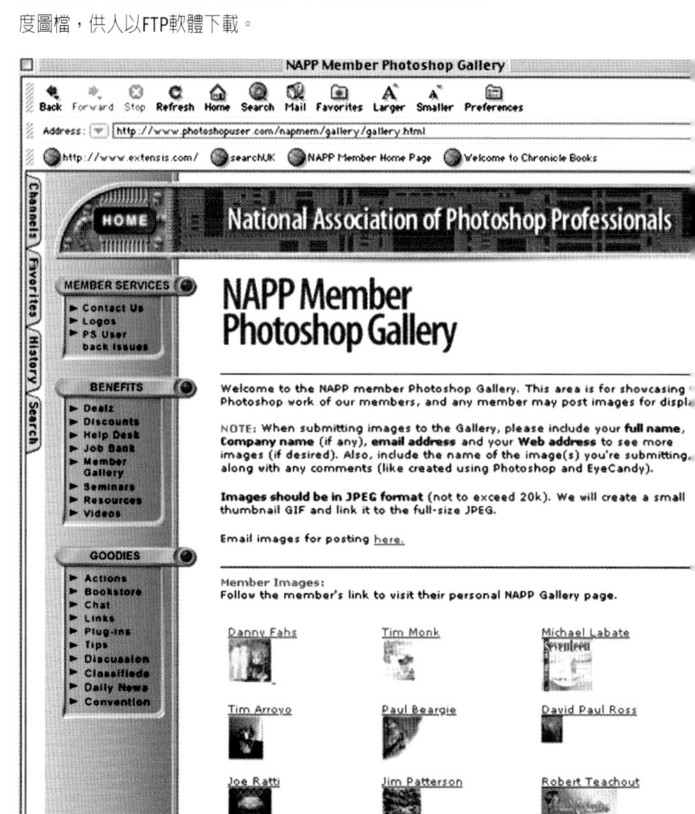

數位色彩體系

對傳統繪畫藝術家而言，「色彩」就好比是建築物的建材之一——磚塊。他運用光線、色彩與造形等要素，構築整個畫面的基礎。對數位繪畫而言，那些古老的基本繪畫理論與技法，仍然管用。透視原理、色調控制、明暗調子控制、配色原理等，還是值得數位繪畫工作者仔細研究。

無論如何，數位繪畫工作者還是需要學習並使用整套的色彩學原理。他務必要瞭解色料與色光體系的不同處，也必須熟悉如何在螢幕上調整色相、明度、彩度。

「加色法」與「減色法」

數位繪畫工作者在色彩體系的認知中，最重要的是知道色彩在螢幕上的呈現，與在輸出材料上呈現的區別，以及其間的關係。這些理論與知識，對數位繪畫與影像處理的工作非常重要。

在螢幕上的色彩是以三原色光（RGB）：紅光、綠光、藍光各依不同的比例組合而成。若三原色光的以相同的份量混合，理論上而言會呈現純粹的「白光」。任何兩個原色光等量相混，就會產生第三個顏色，這個顏色其實就是三原色料中的某一個原色。譬如，「紅光」與「綠光」等量相混會產生「黃光」，「黃」是另一種色彩體系—「減色法」色彩體系的「原色」之一。同理，「綠光」與「藍光」等量相混會產生「青光」；「藍光」與「紅光」等量相混會產生「洋紅光」（見圖一）。因爲兩種三原色光相混合後，產生的第二次色光，其明度都會較原來的原色光亮，所以這種色彩體系稱爲「加色法色彩體系」。

色料的三原色是「青色」、「 洋紅色」、「黃色」簡稱CMY。由於兩種三原色料相混合後，產生的第二次色料，其明度都會較原來的原色料暗，所以這種色彩體系稱爲「減色法色彩體系」。若三原色料以相同的份量混合，理論上而言會呈現純粹的「黑」，然而理想的純三原色料，在現實世界裡很難存在，所以若用上述的方法進行混色，也無法得到純粹的「黑」，充其量只是很深的「褐色」。任何兩個原色料等量相混，就會產生第三個顏色，這個顏色其實就是三原色光中的某一個原色。譬如，「青色料」與「黃色料」等量相混會產生「綠色」，「綠色」是另一種色彩體系—「加色法色彩體系」的「原色光」之一。同理，「黃色料」與「洋紅色料」等量相混會產生「紅色」；「洋紅色料」與「青色料」等量相混會產生「藍色」（見圖二）。

色相、彩度與明度

色相、彩度與明度或稱「色彩三屬性SHB」，是構成任何色彩體系的三大軸架。所有影像處理軟體與繪畫軟體都內建一些調色功能指令，其作用就像調色盤，讓使用者非常方便調節色彩三屬性，以達到理想的狀態。

「色相」就是色彩的名字， 例如紅色、藍色、綠等等。每一個色相在「可見光譜」上都有一對應的位置。昔日傳統的繪畫工作者，爲了更有效地組織與應用顏料，習慣將色料以環狀的方式排列，這就是「色環」。它以黃色開始，順時鐘方向依次是綠色、藍色、紫色、紅色、橙色，最後再接回黃色，完成一環狀（見圖三）。

圖一

圖二

圖三
標準的繪畫用色相環。它是為了繪畫工作者方便選用顏料，所以把可見光譜上的顏色圍繞成一圓圈，便成了色相環。原色、第二次色、第三次色都以漸層的方式，由一個顏色轉到另一個顏色，如此就蘊含無數的色彩可供使用。

圖四
數位色彩體系色相環。與標準的繪畫用色相環略為不同。數為繪畫工作者必須瞭解使用這個新色彩體系時的各種可能與其限制。

所謂色料的「原色」是指那些無法再分解的顏色；或是無法以其他的顏色混合而成的顏色，故又稱「第一次色」，就是「青色」、「洋紅色」、「黃色」簡稱CMY 。「第二次色」是指那些在色環上，位處兩個原色之間的顏色；或是兩個原色互相混合的顏色，例如綠色、橙色、紫色。「第三次色」是指那些在色環上，位於第一次色與第二次色之間的顏色，如黃綠色、藍紫色、紅橙色。繪畫者利用色相環的理論與觀念，可以應用少數的基本顏色，但是卻能創造出五彩繽紛的豐富色調，使畫面更為多彩多姿。

「類似色相」是指位於色相環上，相臨位置的諸顏色。「類似色相」的色彩屬性非常相似，若是一起使用會互相融合， 例如紅色、橙紅色與橙色便屬之，將它們並置用色會互相融合成橙色調，具有火焰的溫暖感覺。

「互補色相」是指位於色相環上，相對位置的兩個顏色，又稱「補色對」。「互補色相」的色彩屬性非常相異，若是一起使用會互相增強其效果， 例如紅色與綠色、藍色與橙色便屬之。繪畫者常使用「補色對」來增強兩色間彼此的亮度，或來製造陰影。

「彩度」是指色彩的純度、飽和度；或是含灰色的程度。彩度越高的顏色所含的灰量越少，所以會越亮麗、越鮮艷。彩度越低的顏色所含的灰量越多，顏色越暗澹、越不顯眼。在繪畫與影像處理軟體的調色指令功能裡，「彩度」的設定參數可從最高的正100%到接近灰色的負100%。

第三個屬性是「明度」，也就是色彩明暗的程度。在繪畫與影像處理軟體的調色指令功能裡，「明度」的設定參數可從接近純白之最高值正100%，到接近黑色的負100%。

數位色彩體系的色相環

數位繪畫與影像處理工作者，必須非常瞭解RGB色光系統與CMY色料系統之間的差異，並能有效地掌控之。這兩種色彩系統的相互關係，在第27頁的圖四中以另一種色相環表現出來。色相環的最頂端是黃色，順時鐘方向依次是綠色、青色、藍色、洋紅色、紅色，再回到黃色。

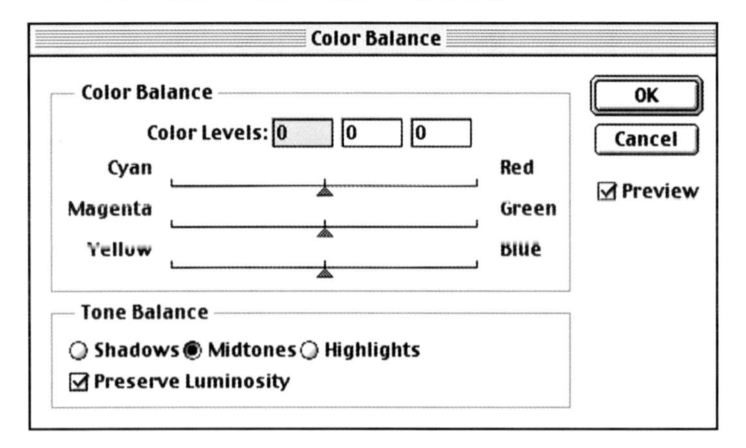

「色彩平衡」參數設定框

「色彩平衡」參數設定框介面允許使用者，調整螢幕上圖像或是選取區域內的RGB含量值；也可以僅針對亮部、暗部或中間調部位進行調整，但是啓動此框時的內建設定是「中間調部位」。

彩色正負像

此兩幅其實是同一影像的彩色正負像。使用一般的繪畫與影像處理軟體都很容易把兩者互相轉換。下幅是上幅的負像，除了明暗互轉，暗部轉成亮部，亮部轉成暗部外；色相也是互以色環上的「互補色對」呈現。

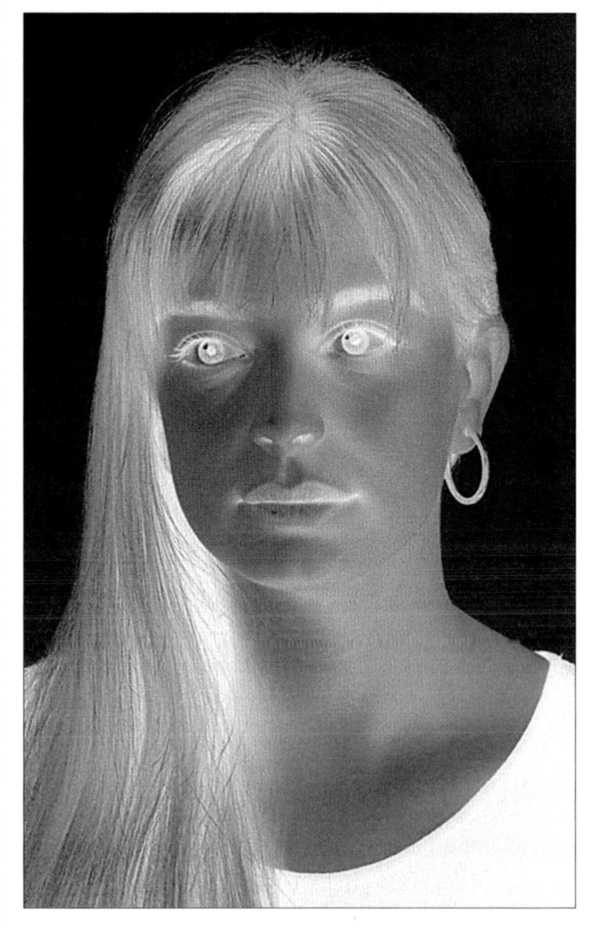

準備掃描圖片

假使你是以掃描好的圖片當成繪畫工作的原始素材，那麼在掃描前的設定與調整就非常重要了。掃描後的素材圖像品質越佳，對你的繪畫作品越有好處。所謂優質的掃描是指數位化後的影像有豐富的層次，清晰的影質和適當的明亮度。一般的掃描機都設有各種調整設定值的指令，所以改善影質的空間非常大。Photoshop軟體內建有功能非常強大的影質調整工具，可以讓使用者調整清晰度、亮度、對比、色相、明度、彩度等，改善圖像品質。

銳利細節

一般掃描機，尤其是桌上型平台掃描機，所掃描出的圖像都有較模糊的傾向。此時就可以應用Photoshop軟體的「清晰濾鏡」內之「遮色片銳利化調整」功能來使原圖像的細節更清楚。該功能的作用是僅針對圖像中，色調或明暗調子變化已較強烈的部位，進行明暗對比加強作用。例如，一張已經掃描輸入電腦的白色汽車圖像，經過「遮色片銳利化調整」後，汽車門邊緣與車子外輪廓的清晰度會提高，但是車身其他色調變化較平順之出，卻無影響。「遮色片銳利化調整」功能的設定值不要一下子設定太多，宜在漸次增加中求得最佳影質。其他如「銳利化」、「銳利化邊緣」、「更銳利化」等功能，會使圖像顯得太銳利且影質不自然。

亮度與對比

作為數位繪畫的原始素材之圖像，應該要有從暗到亮的豐富明度調子。在Photoshop軟體內可以用「色階」功能（影像→調整→色階）來調整亮度與對比。一旦啓動該濾鏡，「對話框」內會出現一「山」形的色階分佈圖，只要滑動黑▲與白△的指針，讓它們分別到達色階分佈圖的兩端點，就可以得到適當的「對比」；也就是可以得到從暗位到亮位最大的明暗調子。至於其中有一個灰色△指針，其作用是控制整體的亮度；向左滑動是增加亮度，向右滑動則減少亮度。

消除偏色

Photoshop軟體內的「色彩平衡」功能是在消除圖像的不當「偏色」。滑動三角形△指針，可分別增減青、紅、洋紅、綠、黃、藍六種顏色的含量；但是它們之間有互補關係，例如增加「青」量其實就是減少「紅」量；減少「洋紅」量其實就是增加「綠」量。而且也可以只針對「暗位」、「亮位」或「中間調位」分別調整；通常都是先調整「中間調位」的偏色，以確定整個圖像的大體色調後，再微調「暗位」與「亮位」直至滿意。

色相與飽和度

Photoshop軟體內的「色相／飽和度」功能，可以針對圖像全體或各個色板，增減其色彩的飽和度，或改變其色相，使之趨於另一個色相。在使用飽和度調整功能時要注意，不要過份誇張以免失其真實面貌。在色相調整功能中，圖像全體或各個色板的色相改變，可以應用用27頁的「數位色彩體系的色相環」，找出想要使用的色相。

消除「錯網」現象

掃描自書本或雜誌上的印刷品圖像常會有「錯網」現象與色彩偏差。由於四色全彩印刷（CMYK）所使用的四個顏色之網目，分別有不同的排列角度；當圖像掃描數位化後，因爲像素依其解析度以方格排列，容易與四個顏色之網屏角度衝撞，而產生規則的花斑，這就是「錯網」現象。掃描機的驅動程式都內建有「消除錯網」的功能選項；也可以利用繪圖軟體內的「中和濾鏡」功能來消除。

污點與刮痕

掃描機的玻璃平台若有灰塵或污斑，會直接掃入圖像內影響品質。若是小瑕疵則可先用探色滴管，在污點近處取樣色彩，再以筆類工具塗蓋。Photoshop軟體的「去除斑點」、「污點與刮痕」、「中和」等濾鏡可以快速修掉大部份的污點與刮痕。另有一法，是用套索大略選取污點與刮痕區域，然後啓動上述濾鏡，它會將污點或刮痕柔化並與週爲的顏色融和，之後再以「遮色片銳利化調整」濾鏡補強銳利度，如此就看不到缺陷了。

綜觀變量

這是一種快速的調整圖像方法。啓動該功能後，它會呈現大約25幅此圖像的縮小檢視圖，每個檢視圖都有微量的參數值變化，使用者可以根據自己的喜好選擇最適當的檢視圖，之後再讓電腦依此選擇，自動調整大圖像的影質。也可以用此「綜觀變量」程式來調整你的掃描機的偏色。

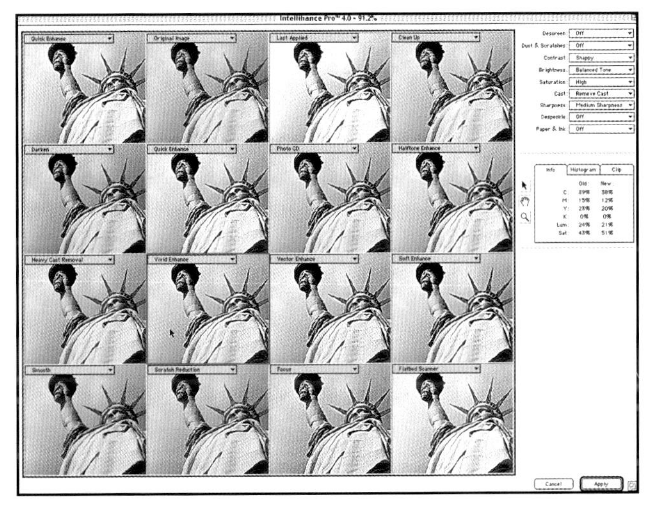

綜觀變量

綜觀變量調整是一種非常容易使用的圖像調整法。

調整掃描圖像

掃描後原圖

此掃描後的原圖反差較弱，並且偏綠/黃色調。

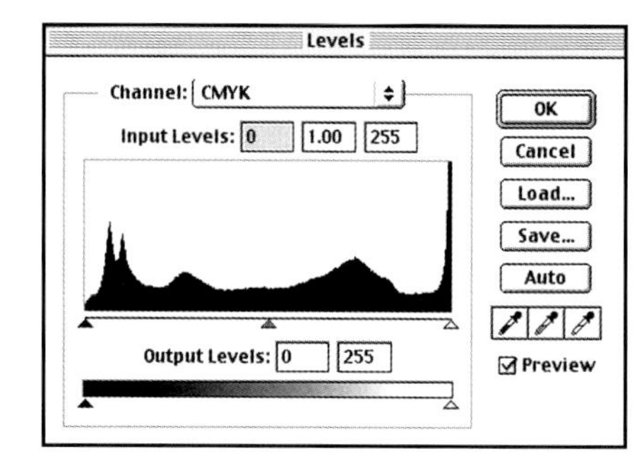

步驟 1 色階調整

滑動黑色與白色的三角形指針，可以分配圖像從純白到全黑的明度變數值，提高反差，增加暗位與亮位的細節。滑動灰色三角形指針可以調整圖像的亮度。

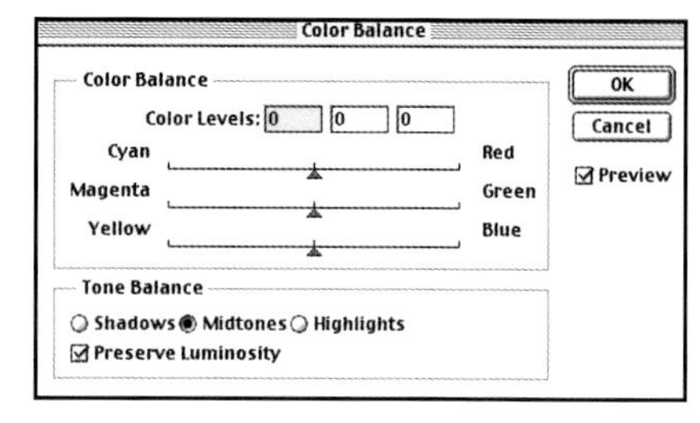

步驟 2 色彩平衡調整

分別在三組補色對中，滑動其三角形指針，可以增減某一補色對中的任一個顏色。而且也可以只針對「暗位」、「亮位」或「中間調位」分別調整。此圖中的綠/黃偏色以獲修正。

專業級的掃描品質

假使你的作品最終是要以大尺寸輸出或印刷，那麼應考慮將全部素材送往專業輸出（輸入）中心掃描。因為其專業掃描品質，會比一般個人工作室的桌上型平台掃描機來得好。當然一些額外得費用支出是必需的。

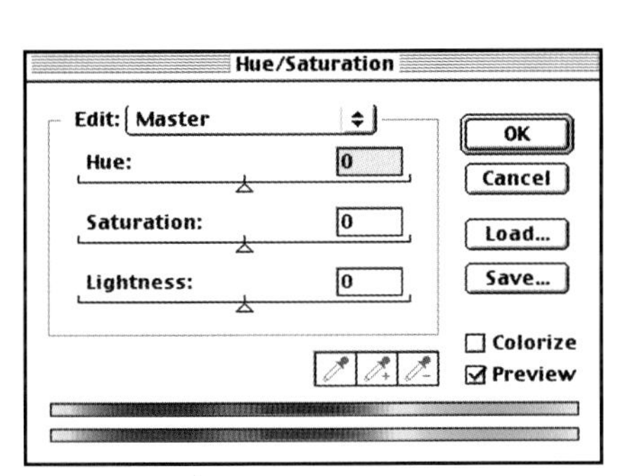

步驟3 飽和度（彩度）調整

輕微滑動「彩度」三角形指針，可以針對圖像全體或各個色板，增減其色彩的飽和度。在使用此功能時要注意，不要過份誇張以免失其真實面貌。

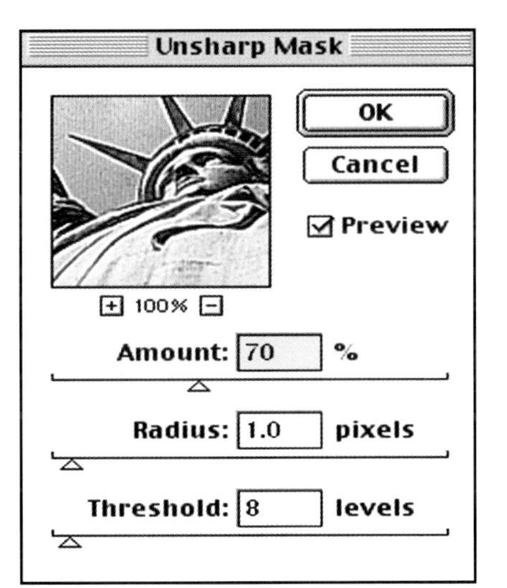

步驟4 遮色片銳利化調整

最後一個步驟是啓動「遮色片銳利化調整」濾鏡。該功能的作用是僅針對圖像中，色調或明暗調子變化已較強烈的部位，進行明暗對比加強作用。此動作的用意是在試圖補償一些掃描時，或使用其他調整工具時，所流失的圖像資料。

掃描解析度設定

使用繪畫軟體或影像處理軟體處理「點陣圖」時，瞭解「影像尺寸」與「解析度」之間的相互關係，是非常重要的。點陣圖是方格形的「像素」以陣列方式排列，所以將原圖放大，它的「鋸齒狀」現象越明顯，列印輸出的品質越差。掃描解析度設定是一個非常重要，也是非常複雜的課題。以下僅是一個簡要基本的觀念解釋。

何謂解析度？

所謂「影像解析度」，是指構成影像中某一個區域的「點」的個數：其中所指的「影像」，可以是印表機輸出的圖像，也可以是螢幕上的圖像。更精確地說，「影像解析度」就是「單位長度內所含點的個數」。所以印表機輸出的圖像其「解析度的單位」就是：「每一英吋內含有多少個點」，稱之爲dpi。螢幕上的影像其「解析度的單位」就是：「每一英吋內含有多少個像素」，稱之爲ppi。

位元深度

一個數位影像內所包含的資訊多寡，完全端視這個影像的「色彩模式」。色彩模式決定影像的「位元深度」與檔案大小，所謂「位元深度」其實就是代表「包含的資訊多寡」。要求所掃描圖像的位元深度越大，則圖像需要的資訊越多，那麼圖檔的容量也就越大。

一位元（1- bit ）影像

構成影像的像素之色彩，是以數位化最基本的單位「位元」來表示。影像的「色彩模式」是決定於，該影像是以多少個位元來呈現像素的顏色。最簡單的是以一個位元來表達顏色，一個位元有兩種選擇：0與1或是開與關。所以在一位元影像中，像素呈色只有「黑」與「白」兩種情形，一位元影像又稱「黑白點陣影像」。

灰階影像

類似傳統的黑白影像，有黑、灰、白等明暗層次。在數位影像中灰階影像是使用8個位元，由黑到白共256種濃淡階調來表示。所以，在灰階影像中，像素可能是黑 、白、或其他254個灰階中的任何一個灰色。

RGB 全彩影像

這是由 R.G.B 三種顏色，每色各爲8位元，總計爲24位元所構成的影像。因爲 R、G、B每一個色彩各含有256個色調，所以全部可以顯示出16.7百萬色（2的24次方）。因爲是全彩影像，故含有最多的資料及彈性，是彩色數位繪畫與影像處理最常用的色彩模式。

CMYK全彩影像

一般在使用數位繪畫與影像處理軟體時，在螢幕上的顯示是RGB全彩影像。但是當影像要列印輸出時，尤其要做印前輸出時，由於在印刷上的每個圖像都是由C（青）、M（洋紅）、Y（黃）、K（黑）四種油墨的顏色所組合而成，故必須先將影像的色彩模式，轉換成CMYK 色彩模式。

印刷網目數

最後要注意的是，你要知道作品是要以何種方式輸出，因爲這與掃描原圖時的解析度設定很有關係。所謂「印刷網目數」

此圖的解析度為300dpi，適合如此尺寸的印製品。

此圖的解析度為100dpi，所以在此印製品上的圖像已可見到「鋸齒狀」的缺陷。

又稱「印刷網線數」，是指半色調印刷品中每一個單位長度內，所含網點的「線數」。通常都以（lpi）每一英吋多少條線爲計量標準。例如書籍的印刷網目數是150至175lpi。「印刷網目數」與「掃描設定解析度」的換算法如下摘要所示。

使用Photoshop來決定

上述「掃描設定解析度」也可以使用Photoshop求得。在Photoshop軟體中開啓一個新檔，其長寬尺寸與所要輸出的成品一樣，而其「解析度」則設定爲「印刷網目數×2」。在設定對話框中可以看到此檔案的Mb數，這就是此檔案的實際大小。當掃描時，則調整解析度設定值，直到其檔案的Mb數，約與Photoshop軟體中的新檔一致，此時該解析度設定值就是所求。

摘要

為了要得到良好的印刷品質，一般「印刷網目數」與「掃描設定解析度」的換算法是：「掃描設定解析度≒印刷網目數×1.5或2」，所以若要以150lpi印刷，則「掃描設定解析度」應設定約為300dpi。若掃描設定解析度太高，並不一定保證能得到高畫質；但卻會使圖檔容量大增，徒增浪費。假如圖像是要放大印刷，那麼掃描解析度就必須加大。若是以150lpi印刷且放大率是200%，則掃描解析度應定為600dpi（150×2×200%）。

數位繪畫底紋

數位繪畫工作者不一定要堅持使用潔白無瑕的畫紙、畫布。因位數位工具提供各種自製的繪畫底紋功能，讓使用者自創需要的繪畫底紋，諸如水彩紙、油畫布、粗畫布等。這些底材肌理讓繪畫者，能充份表現鉛筆或毛筆的筆觸情趣。

自製底紋質感

使用掃描方式，將真正紙張或其他材料的表面質感，數位化後置入螢幕上使用。這是自製底紋材質感最簡單的方法。當然適當的調整色調、對比、亮度等條件，以附和使用者的需求，是必須要的。

使用「濾鏡」功能

有些軟體的濾鏡功能，可以讓使用者自創需要的畫紙、畫布等底紋的肌理效果。Adobe Photoshop 的濾鏡指令附有許多效果功能，可嘗試探究。

使用Painter的表面紋理濾鏡

MetaCreation Painter軟體有一「表面紋理濾鏡」。使用者可依需求，改變各種微粒粗細、光線方向等參數值，以製作變化多端的底紋效果。

真實的紙材

另一種表現底紋的方法是，作品完成後再以特殊肌理的紙材輸出。大多數的噴墨印表機都可以餵入厚度不等的紙材。所以圖像以各種不同的紙材列印出，會有許多意想不到的驚奇試驗效果。

表面紋理濾鏡

Painter的「表面紋理濾鏡」（動作：特效→表面紋理控制→執行表面紋理）可以在原畫施以各種表面紋理。設定框內可以改變各種參數值，直到作者滿意為止。

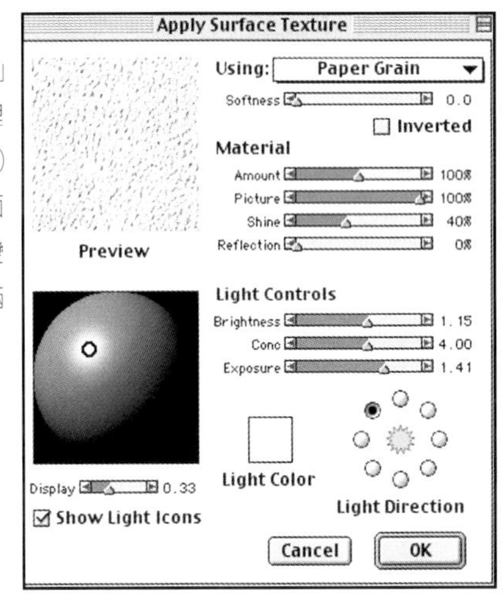

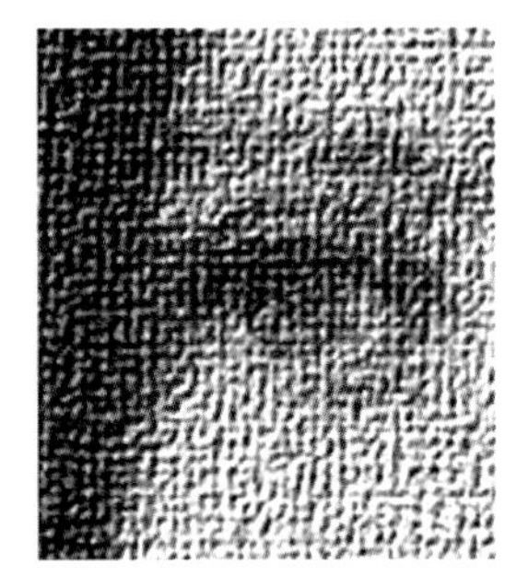

按下OK鍵後，原鉛筆人像素描便覆施一層水彩紙的粗紋肌理。

要·領·提·示

★數位繪畫底紋的好處之一是，你可以在圖像完成後再來試驗各種可能的紋理效果。

★將每一種試驗結果儲存起來，可作為日後的參考。

如何使用外掛模組程式

所謂「外掛模組程式」是一個加掛在主要的繪畫軟體，或影像處理軟體內的輔助小軟體，本身卻不能單獨使用。它的作用是增強主軟體的功能，可以在原圖上施加許多特殊效果。外掛模組程式可分爲，濾鏡模組程式、色彩校正工具程式與掃描機驅動程式等。

外掛模組程式的安裝

外掛模組程式的安裝方法，與一般軟體安裝方式一樣：唯一要注意的是，要將之安置於主軟體內的指定檔案夾內，此檔案夾的命名通常是「plug-ins」或「filters」。一旦載入主軟體後，可由下拉式指令清單或快速鍵啓動模組程式。

相容性

有些外掛模組程式的相容性相當高，可以在不同的主軟體間互相支援。例如最常外掛於Photoshop內的濾鏡模組程式，也可用於Paimter、Color It等軟體上。

使用濾鏡

啓動主程式叫入圖像後，便可準備執行濾鏡模組程式。執行前都會先出現一設定框，內有一預視窗與一些設定滑動桿。藉由滑動桿或鍵入數值，在預視窗上可以大略預先看到濾鏡執行後的效果。只要預視圖附和自己的效果構想，就可按下「確定OK」鈕，讓電腦執行運算後，完成圖便呈現在眼前。

筆刷效果模組程式

Deep Paint 模組程式可在Photoshop主軟體上直接執行。下圖是使用粉筆大筆觸多層塗佈的結果。此筆刷效果模組程式，讓使用者能充份掌控筆刷的方向、壓力與大小，以及底紙的反應。這些特效是其它濾鏡模組程式無法超越的。

使用筆刷

另一種模組程式是「筆刷效果」，有別於上述的濾鏡模組程式。Wacom的數位壓力筆，配合其所提供的「筆刷效果模組程式」使用，可以讓使用者在數位板上，做出千變萬化的筆刷效果。例如，筆刀的立體雕刻效果，在圖像上做出金箔、雜點、流動等筆觸效果。推荐一個相當不錯的筆刷效果模組程式，RightHemisphere 的Deep Paint 模組程式。它是加掛在Photoshop主軟體上，能模擬非常逼眞的粉彩、水彩、油彩、鉛筆等繪畫筆觸效果。

Deep Paint 模組程式的使用介面

RightHemisphere 的Deep Paint 模組程式，可說是功能非常強大的輔助軟體。比一般濾鏡模組程式使用彈性更大。如圖所示，一些內建的效果都一目了然地在使用介面上呈現。讓使用者有更方便的選擇空間。

此風景圖是以Deep Paint 模組程式內的「筆刷效果模組程式」與「濾鏡模組程式」共同繪製而成。此風景圖的參考圖是藝術家「塞尚Paul Cezanne」的傑作。先以簡單的線條勾勒外輪廓後，再使用Deep Paint 模組程式的筆刷工具與濾鏡，來造成非常具繪畫性的筆觸效果。

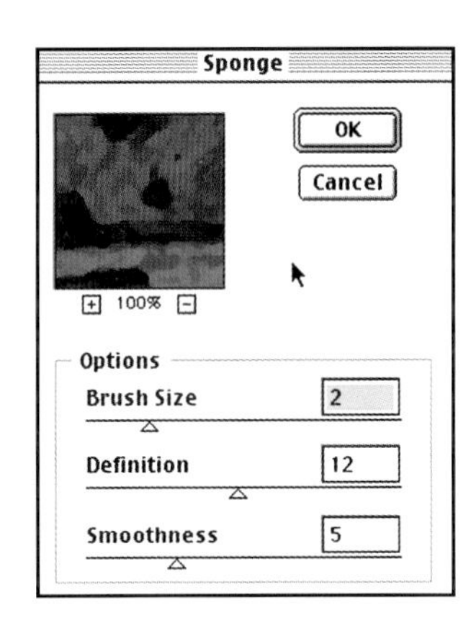

濾鏡模組程式的使用介面

此處顯現的是一個標準的使用介面。其中有一預視窗，可呈現執行濾鏡後的大致效果。通常都會有滑動桿，或鍵入數值處，用以設定濾鏡參數。若要恢復預視窗中的原圖預覽，可按滑鼠鍵。此動作可快速比較執行前後之不同。

校正模組程式與其他

此外尚有一些非屬於繪畫製進行中使用的模組程式，常被用於完成品但尚未正式輸出階段。例如作爲校正顏色偏差的模組程式，CMYK分色模組程式，產生網頁用檔案格式的模組程式，或其他檔案格式轉換的模組程式等等。

要·領·提·示

當模組程式昇級或更新後，新版的功能常與舊版相去甚遠。

★建議保留舊版，另行安裝新版。可以交互使用，增加有趣的試驗效果。

★假使因為檔名相同而造成當機，可以以新版者取代原來的，或從原來的檔案目錄中刪除同名者。

X RES

Photoshop

Illustrator

PhotoDeluxe

Painter

Art Dabbler

Drawing Tablet

筆與墨水—配合數位板

筆與墨水的繪畫技法包羅萬象。從粗獷的麥克筆、精細的針筆到交叉的鋼筆等等，應有盡有。Painter軟體的繪筆工具可以模擬鋼筆、沾水筆、刮筆、毛筆以及麥克筆等筆觸效果。麥克筆筆觸快速流暢，適用於插畫表現。沾水筆與墨水的素描技法，可以追溯至義大利的文藝復興時期。達文西就是利用這些繪畫工具，以交叉筆觸繪製了許多精緻的曠世名作留傳後世。

技法

墨水的獨特性質就在於其流暢性。這種流暢性特質，幾乎可以在任何繪畫軟體，配合數位板與感壓數位筆來達成。藉由感壓數位筆來模擬傳統墨水的個性，筆壓力的增減可以改變筆刷參數的大小，並控制墨水的流量。不要墨守成規，數位繪畫的特質之一就是它的試驗性非常高。所以盡量嘗試各種可能的底材、筆觸、顏色等。時常會有意想不到的驚奇。

沾水筆

沾水筆尖特性可以依繪畫時的需求加以調整。所謂調整包括：大小、寬窄 、筆型、筆壓等，可藉由感壓數位筆的壓力設定來取得。

滴漏筆

MetaCreation Painter 內有一滴漏筆，可以製作特殊的滴漏墨水筆觸。感壓數位筆移動越快，滴漏量越多。 仔細規劃並謹慎使用此筆觸，可以製作出獨特的效果。

排斥技法

類似「油水互相排斥」的原理。使用掩遮片界定選取範圍，排除墨水滲入。這個技法與傳統水彩畫使用「留白膠」相似。留白膠就是掩遮片，排斥顏料進入。圖中的花朵先覆以掩遮片，再用墨水塗刷過。

乾濁麥克筆

圖中顯示模擬乾濁麥克筆筆觸效果。感壓數位筆的壓力越大，墨水色澤越深。當原筆畫被覆蓋過時，顏色明度會下降。

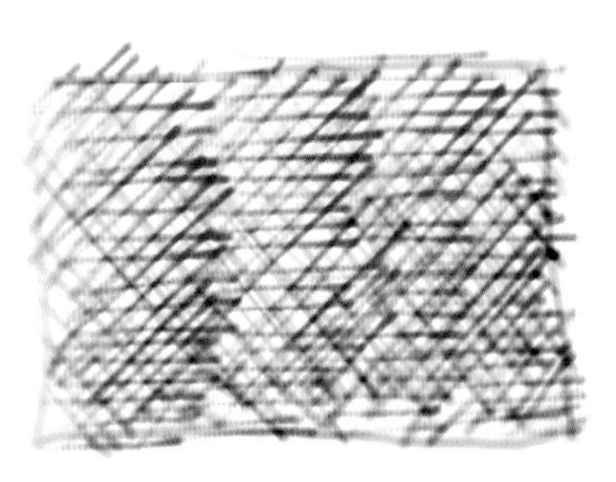

交叉筆觸

使用細簽字筆的交叉筆觸，可以繪製變化多端的織紋效果。不同顏色的筆觸相交叉，會產生許多色調的變化。

纖毛筆沾水

在纖毛筆端處沾水來塗刷，其筆觸較柔和，並有塗抹的暈散感。此技法很適合用來混色。

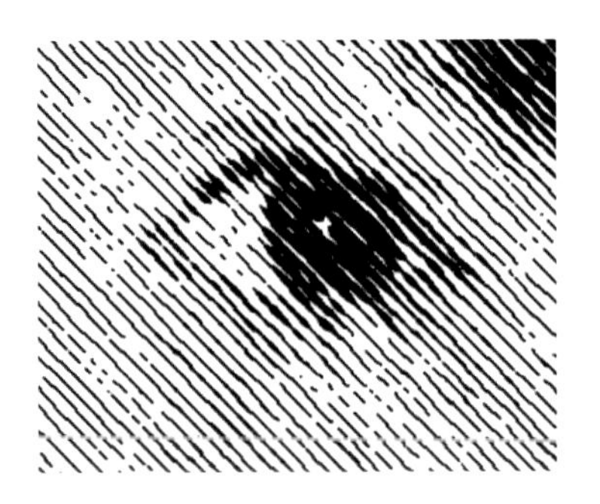

半色調網屏效果
圖中的眼睛是用精細的鋼筆，加以細密的平行筆觸，模仿印刷的半色調平行網屏繪製而成。其實這種表現法可以用某些濾鏡外掛程式，很方便且快速地達成。徒手繪製並不是非常理想。

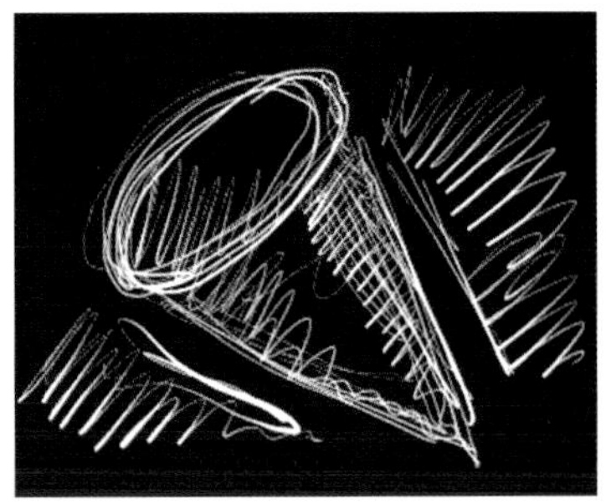

刮痕效果
此圖的筆觸是模擬以尖硬鋼筆，在黑色底紙上刮畫所產生線條效果。使用水彩毛筆也可在有色底紙上，洗掉色彩形成筆觸。

墨水人像畫

此墨水人像畫的原底圖，是掃描自一張舊照片。先用Painter的乾濁麥克筆快速描繪外廓線。細節部位的線條則是用沾水筆與黑墨水處理。為了增加更多的明暗層次調子，則使用濕筆暈染一些黑色部位，以提高明度。整幅作品充滿了沾水筆筆觸的繪畫性趣味。

陰影
此圖中的陰影是先在Illustrator軟體中，以筆刷與鉛筆工具繪製。之後再轉置入Painter，並用水彩筆暈染柔化陰影的邊緣。

圖中的相機與軟瓶塞開啓器的粗稿，是先在Adobe Illustrator 8 軟體中繪製。先用任何一種畫線工具勾勒外廓線，並將之調整平滑。再用筆刷工具沿外廓線畫過以加深加大線條。色塊部份是用Illustrator的鉛筆工具繪製。之後再轉置入Photoshop，有些顏色已被降低彩度。圖像最後以TIFF格式儲存。

模擬書法毛筆筆觸
此圖是先在Adobe Illustrator軟體中勾勒線稿，之後再在Painter軟體中，使用書法毛筆筆觸重描外廓線。此粗輪廓線條，是模擬軟貂毛筆沾墨水的筆觸效果。

細部線條
瓶塞開啓器內的細部線條，也是以上述的方式描繪。只是筆劃寬窄已經削減過。Illustrator允許在畫線過程中的任一階段，改變筆畫粗細。

要·領·提·示

★在使用墨水繪筆以前，最好先將筆刷追蹤速度的預置值，設定於最佳狀態，以免在快速拉動畫筆時，處理器的運算速度跟不上，而產生滯待的現象。

★在完成作品上使用某些濾鏡程式，可以讓黑墨水呈現稍許的透明度。如此更能表現黑墨水的本質。

X RES

Photoshop

Illustrator

PhotoDeluxe

Painter

Art Dabbler

ColorIt

CorelDRAW

CorelPAINT

LivePIX

Inklination

筆與墨水—外掛模組程式

使用外掛模組程式來模擬筆與墨水的徒手繪製效果，並不是完全適用於任何狀況。譬如，流暢自由的徒手筆觸充滿了獨特的個人風采，這種繪畫性的感覺，就不是刻板的濾鏡程式所能仿製的。然而，有些濾鏡卻可用來產生某種固定式針筆交叉筆觸的效果，很適合處理整個畫面。雖無較個人的特色，卻是非常方便。

爲了能達到最佳的效果，所以首先要找一張明暗調子非常豐富的照片作爲原圖。然後調整其「色階」，使它的亮位與暗位都保有最細膩的層次，以利濾鏡運算後，能在暗位處有深黑的筆觸，亮位處有純白的筆觸。因爲經過這類濾鏡處理過的畫面有偏暗的傾向，所以完成後要將全部圖像略提高明度；可是要注意的是，原亮位處卻會稍過度。

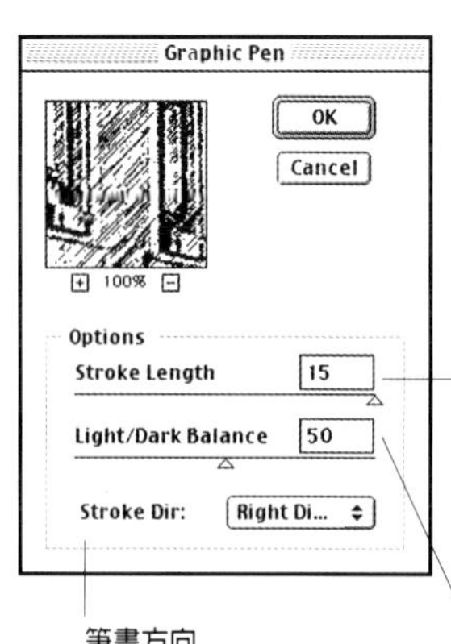

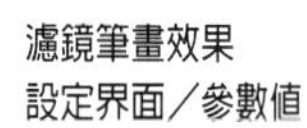
濾鏡筆畫效果設定界面／參數值

選項設定

筆畫長度
1-15（每一筆畫最大長度值為15個像素）

亮度平衡／暗度平衡
預設中間值為50%。低於50%全畫面變暗，高於50%全畫面變亮。

筆畫方向
（每一筆畫的行走方向。右對角線、左對角線、垂直、水平）

選項設定 筆畫長度：15
亮度平衡／暗度平衡：50%
筆畫方向：右對角線

選項設定 筆畫長度：15
亮度平衡／暗度平衡：30%
筆畫方向：垂直

選項設定 筆畫長度：5
亮度平衡／暗度平衡：75%
筆畫方向：左對角線

選項設定 筆畫長度：8
亮度平衡／暗度平衡：10%
筆畫方向：左對角線

Paint Alchemy Ink Marks外掛模組程式

Xaos Tools的Paint Alchemy Ink Marks外掛模組程式，可以在圖像上模擬短筆觸效果。此圖是以有色紙為 底材，增加豐富的色澤趣味。

Inklination外掛模組程式

這個Inklination交叉筆觸濾鏡，提供多采多姿的交叉筆觸技法。設定參數有及選項有：筆畫粗細、筆尖大小、粗糙度、線段長度與振幅、線段穩定度等。經由這些強大的設定與選項功能，使用者能創作出變化多端的筆與墨水的效果。

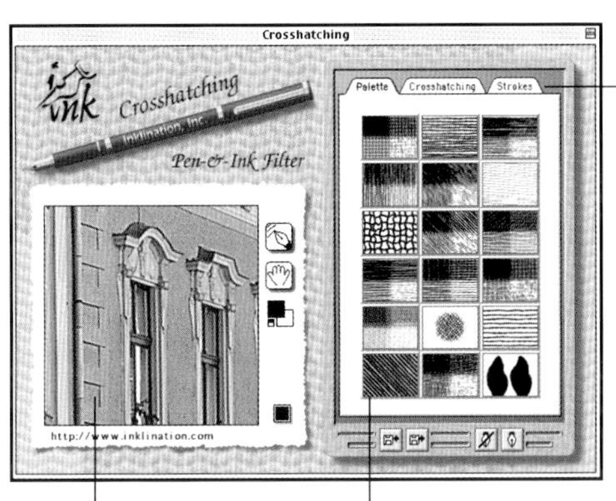

標籤清單
點選不同標籤清單，可呼叫出不同使用介面。在介面中可藉由鍵入數字或移動滑桿，而設定各種筆畫粗細、筆尖大小、粗糙度、線段長度與振幅、線段穩定度等參數與選項。

預視窗
這個濾鏡的使用介面，包含一個非常方便的「預視窗」。使用者可以清楚預視濾鏡運算後的大略情形。

式樣模板
使用者可以快速點選使用這些已預建好的式樣，不必再自己製作，相當方便。

要·領·提·示

一般繪畫軟體的線條濾鏡功能很強大。它們都能輕易地表現精確的輪廓線。但是為了能使線條更具有徒手繪製的自然感覺，以下提示幾個要領。

1. photoshop的「輪廓描圖濾鏡」是一個不錯的選擇。
2. 當輪廓線確定後，再以「高斯模糊濾鏡」進一步運算，其效果會更自然。但要注意細節部位不要盡失。
3. 使用亮度／對比調整，取得較高的明暗對比，以增加黑色線條的深度。
4. 使用亮度調整，增減黑線粗細至滿意程度。會加強線條畫的逼真性。

此圓鋸圖是作法如下：首先提高原圖的對比，去除背景。再用兩種濾鏡程式運算，一是「尋找邊緣濾鏡」，另一是「 海報邊緣濾鏡」。兩圖的色彩模式設為「灰階」，並稍加「模糊濾鏡」，提高「對比」。最後將兩張圖疊合在一起。背景加以模糊柔化以凸顯主體。

X RES

Photoshop

Illustrator

PhotoDeluxe

Painter

Art Dabbler

Drawing Tablet

鉛筆—配合數位板

鉛筆可說是現今最普遍的繪畫工具之一。數位鉛筆提供非常多種的筆畫大小、筆尖粗細的設定選擇。而且這種鉛筆的最方便之處就是永遠不用削筆心。它也是變化多端，最多樣性的數位繪畫工具之一。使用者只要多加練習，多用心思考，多深入觀察，應該就能操作自如，繪製出多采多姿的作品。

數位板

鉛筆工具配合數位板使用，最容易表現鉛筆繪畫的特性。數位板可調整其壓力感應值，所以數位鉛筆可在數位板上畫出最適當的筆畫，可以表現多樣的筆觸效果；甚至可針對不同的底紙，作出不同的反應特效。大多數的鉛筆頂端都內建有橡皮擦工具，具備有擦拭功能。

技法

圖示範例都是用Painter軟體繪製。當然其他類似的繪畫軟體也有這種功能，也有達到相同的效果，通常的作法是先以小筆觸作畫，之後再使用濾鏡程式做出鉛筆效果。鉛筆繪畫需要較細心的動作，費時也較多。但是其最終的作品所呈現的眞實與繪畫性的感覺，卻讓這些投注值回票價。

筆劃輕重

此圖使用Painter的2B鉛筆工具。增加筆壓並增快筆的移動速度，會產生深色調筆觸。

漸層

使用輕筆觸，並漸次變化設定筆壓大小，可以產生柔順的漸層效果。適合用來表現多層次的作品。

底紙紋理

使用輕筆觸在有紋理的底紙上作畫。鉛筆筆觸會隨底紙的紋理，作出與真實作畫環境相同反應的效果。筆觸愈輕，底紙紋理效果愈顯現。

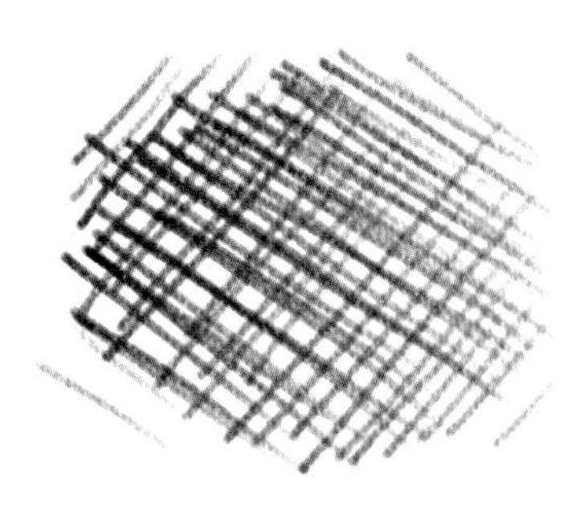

交叉筆觸

以尖細的筆畫互相交叉的筆觸，網狀似地編織不同深淺的調子。交叉筆觸愈多，調子愈深暗；交叉筆觸愈少，調子愈淺。

這張汽車的鉛筆素描畫，是先以輕細線條建立初步的略形與明暗調子。為了保持整體畫面為明亮的高調子，所以汽車細節部位在處理時要注意控制明度階段，要維持在「中灰」到「最亮」這幾個色調之間。

以各種不同輕重、粗細的筆觸，產生多層次明暗調變化，顯現人臉部豐富的光影效果。光影也詮釋了整體氣氛。

上面的小圖是作為下圖鉛筆畫的參考。整幅畫是以細微的交叉小筆觸仔細地描繪。保持樹木為暗色調，背後的天空為亮色調，小筆觸較能控制細部的豐富色調。

橡皮擦

橡皮擦位於鉛筆頂端，作用與傳統鉛筆的構造相似。其實它也可以當成另一種筆觸，可在原鉛筆劃處擦出底紙原色。

塗抹

塗抹筆觸是模擬徒手在原鉛筆劃處塗散的效果。一般是選擇無色濕筆刷設定。

鉛筆種類

真實的鉛筆種類是以筆心的軟硬度、粗細來區分。數位鉛筆則是可以藉由設定來產生各種不同的鉛筆筆劃。

抹濕

選用水彩筆並賦予淺灰色，在原鉛筆觸的區塊塗抹，可模擬濕筆擦過而產生暈染的效果。具有柔順豐富的灰階明暗調。

X RES

Photoshop

Illustrator

PhotoDeluxe

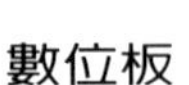
Painter

Art Dabbler

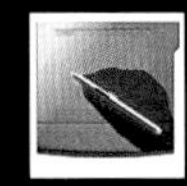
Drawing Tablet

彩色鉛筆—配合數位板

彩色鉛筆的技法與上述的鉛筆工具類似，只是它多加了色彩因素。鉛筆技法只關注明度因素，而色彩鉛筆除了明度以外，也考慮了色相、彩度三個條件。所以繪畫者的工作彈性更寬廣，能掌握的要素更多樣。例如利用互補色對原理，可以製作畫面空間的透視感覺。也可以利用色彩心理的原理掌控整體氣氛。

數位板

壓力筆與數位板配合使用，可充份發揮彩色鉛筆的特性。快速平滑準確的筆劃觸感，並不是滑鼠所能取代的。筆的壓力大小可改變筆劃的粗細、色調深淺、顏色，甚至依據底紙而改變明暗調。當選用兩個顏色來作畫時，彩色鉛筆可藉由壓力大小的改變，讓筆劃的顏色在兩個色彩間轉換。上下顛倒壓力筆，可快速選第三色，而無需使用滑鼠點選。

技法

本單元的作品都是使用Painter繪製。彩繪效果與眞實的色彩鉛筆不相上下。其技法也非常容易。當然其他類似的繪畫軟體也有相同的功能，也能達到一樣的效果。一般的作法是先以小筆刷作畫，之後再套用彩色鉛筆濾鏡程式。

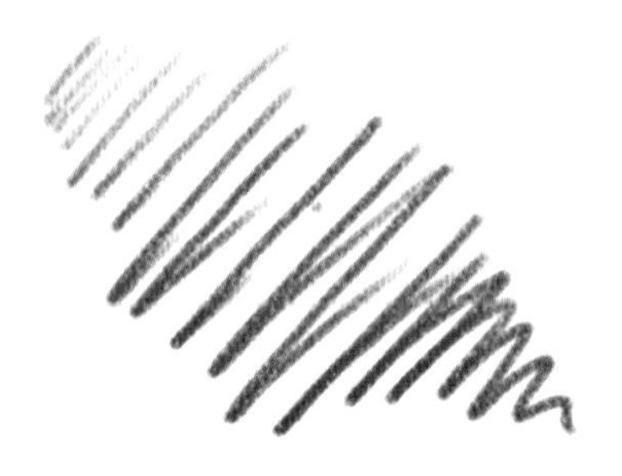

筆劃輕重
增加筆的壓力與行筆速度，可加深筆劃輕重。色相的選用也可以藉增加壓力而取得。

漸層
在一特定的面積內逐漸地增加筆的壓力，以色鉛筆塗佈許多平行線段，會造成明暗色調漸次變化的漸層效果。

色光混合
色光混合常被「印象派」畫家所採用。兩色的相加不再是顏料的直接混合。而是兩色的相鄰併合，兩色料所產生的色光最後再反射到人的眼睛，以色光方式相混，所得到的最終顏色，其明度會較高。此技法很適合用於人像繪畫，可以不讓混合渾濁。

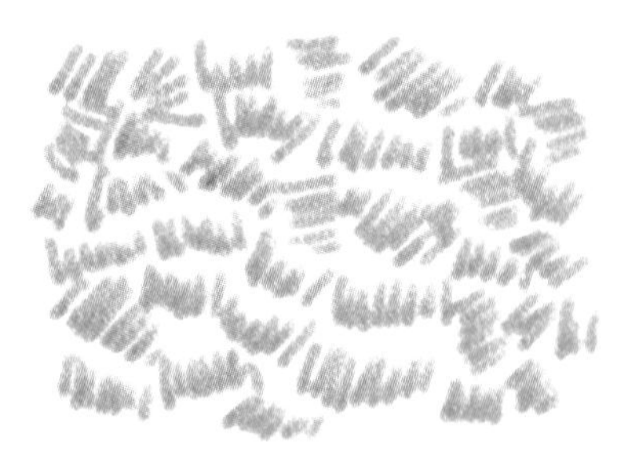

樣式筆觸
有時可以應用一些交叉的短筆觸所行成的樣式，來編組成一個圖像。樣式筆觸就好像是編織物的單位圖案。

塗抹
使用彩色筆另一端的橡皮擦，也可以做出非常柔順的塗抹效果。

漂白
使用刷筆與白色顏料，並設為低不透明，可以在原色塊處塗刷出漂白區。使用橡皮擦也能造出如此效果。

粉筆
使用白粉筆在原筆觸區刷塗過，可畫出粉筆獨有的破白筆觸。

水漬
使用水彩筆塗刷原彩色鉛筆觸區，可暈染該色區，柔化原來的彩色筆觸。

強 調 形 色

此作品的畫法如下述。首先掃描一張瓷器皿原圖，加以去污點與色彩矯正後，作為原圖待用。使用鉛筆準確地描繪器皿的外形與精緻的明度層次，並存檔另用。在Photoshop中打開此原始鉛筆素描後，將原圖底稿拖拉到素描圖上，形成另一圖層。之後將兩圖層混合並設定為色彩模式。原底圖的色彩會隨著運算作用，加覆到無彩色的素描圖上。最後再使用Photoshop的調整功能來整理作品，使其得到最佳色調與明度對比等條件。

眼睛
眼睛是人像畫中最引人注目的地方。使用細微的筆觸與色彩來描繪炯炯有神的眼神。

頭髮
頭髮部位也不要做太多的著墨。只要能粗略地掌握大體，再利用小筆觸重點地在小撮髮絲上描繪光影變化，便能產生豐富的層次。

唇線
唇線是用來強化嘴唇的表情，雖然只是區區的一小段曲線，卻有畫龍點睛之妙，適當地加入不同的色調變化，用以呈現立體感。

圓領衫
為了保持圓領衫的高亮度色調，所以使用了高明度的黃色系與柔筆觸。但不刻意強調其細節層理，以免搶走了觀者對主要臉部的注視。

整體而言，這幅人像畫的重點是人臉的五官表情。其他一切如頭髮、圓領衫等都是作為襯托臉部的輔助。細微的五官描繪，可以提高觀看者對臉部的注視度。

要·領·提·示

色彩取樣動作並非只能在同一個圖像文件中進行，同一軟體內的不同文件也可互相支援色彩取樣功能。

★使用滴管工具在器皿圖中點取欲使用的色彩，再轉切到正在工作的文件上。

★更快的色彩取樣動作可以如下進行：在不相干的圖像中，點取接近欲使用色彩的類似顏色，再用調整工具修正到滿意為止。

X RES

Photoshop

Illustrator

PhotoDeluxe

Painter
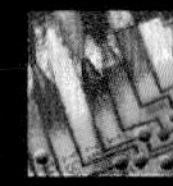
Art Dabbler

ColorIt
CorelDRAW

CorelPAINT
LivePIX

Paint Alchemy

鉛筆─外掛模組程式

優秀的數位畫家雖然使用電腦來作畫，但是卻能充份保留傳統繪畫工具的獨特性質，毫無呆板無趣的機械冷漠感。這些趣味的把握是本書的重點之一。現在介紹一個廣受喜愛的外掛濾鏡程式Xaos Tools的Paint Alchemy。它具有非常強大且彈性很高的鉛筆繪畫功能。允許使用者做各種隨意的設定，例如筆劃粗細、顏色、方向、角度、亮度、透明度，甚或留白的面積等。

這幅畫基本上是以三張經過Paint Alchemy濾鏡處理過的鉛筆素描疊合而成的。這三張鉛筆素描的筆觸設定分別是：輕軟鉛筆、重軟鉛筆與色鉛筆。之後在Photoshop中，再把這三張素描以圖層方式組合，使用圖層遮色片與筆刷功能，選取三張素描中的某一部位，疊合成全景。狗的眼部、嘴部等教清晰之處，是以印章工具複製原圖的該部位，再印蓋在新圖的圖層上。

Paint Alchemy 使用介面／設定

筆刷
設定項目：筆刷形狀、濃度、垂直位置、水平位置。可作0到100%的變化，也可隨機設定。

顏色
設定項目：筆刷顏色、背景顏色、HSB（色相、彩度、明度）。

大小
根據原圖的顏色成份，如色相、彩度、明度、位置等來設定。也可隨機設定。

角度
根據原圖的顏色成份，如色相、彩度、明度、位置等來設定。也可隨機設定。

透明度
根據原圖的顏色成份，如色相、彩度、明度、位置等來設定。也可隨機設定。

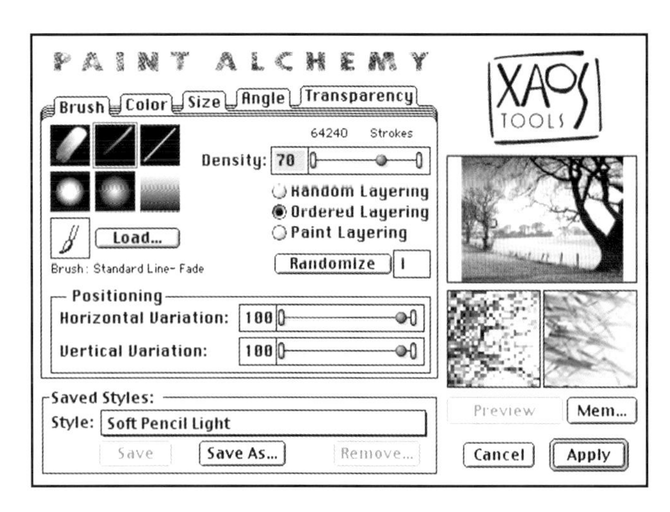

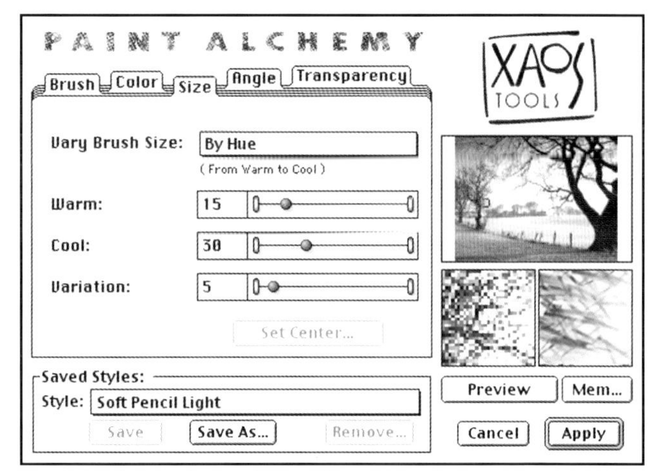

首先找一張灰濛濛的冬天風景照片，掃描成原圖待用，經影像處理軟體處理，提高整張原圖的明度，因為明度太低的圖面，不適合作為鉛筆素描的原圖。（參閱29頁準備掃描原圖說明）

使用Photoshop的「找尋邊緣」濾鏡（濾鏡，風格化，找尋邊緣），製造黑白外緣線。

使用Xaos Tools Paint Alchemy濾鏡程式。選用預設的淡軟鉛筆觸。
設定項目為：
色彩變化由原圖底色到實色。
中灰調鉛筆。

之後再以Paint Alchemy濾鏡程式，
依下列設定值運算上圖：
色彩＝由底圖開始，
筆劃方向＝亮度，
透明度＝亮度。

選用預設的淡軟鉛筆觸。
設定項目為：
色彩＝由底圖開始，
筆劃方向＝亮度

此圖是由上圖與左圖組合而成。圖層疊合模式設為「色彩增殖」，加深此畫的彩色亮度，令它比較有素描畫逼真的感覺。

經濾鏡程式運算後完成此圖。天空部位以白色短筆觸構成。原白色底紙略成灰色調。整幅素描好像是以白色鉛筆，在黑色底紙上以粗獷的筆觸畫成。

要·領·提·示

★雖然是使用同一個濾鏡軟體，但是不一樣的設定值，會有絕對迥異的結果。

★用許多不一樣的濾鏡運算同一個圖像，再把它們疊合在一起。最後的完成作品會擁有更豐富的層次，更多樣化的筆觸。所以上圖的數位風景素描畫，與傳統鉛筆素描已不相上下了。

炭筆—配合數位板

幾乎每一位繪畫者都曾使用過炭筆這種媒材工具，它自古到今不曾式微過。炭筆方便使用，價格不高，表現方式豐富，廣受繪畫者歡迎。整枝炭筆幾乎都可以使用，尖端、筆側、直立、傾斜都能繪出各式各樣的筆觸感情。因爲炭筆的原料有差異，所以燒製出來的炭質有軟硬之別。再加上它的筆觸經由手指塗抹或用水暈染，可以製造許多豐富的層次。綜合這些因素，致使炭筆成爲神來之筆。

數位板

利用數位板與感壓筆來繪製炭筆畫並不困難。快速的筆觸、豐富的層次，這些效果都是可以用數位工具模擬的。數位炭筆也會根據底紙的紋理，做出不同的筆觸反應。作者應多加體驗。

技法

使用數位工具繪製炭筆畫的訣竅，就是你必須先熟悉眞實炭筆的特性，並實際操作過。使用數位炭筆要避免一項易犯的毛病，那就是筆觸常會太雷同。因爲現實的炭筆畫中絕對不可能有相似的筆觸，所以要時常改變感壓筆的壓力設定值，以獲取不同的筆觸樣式與不同的明暗層次，這樣會有比較佳的炭筆繪畫效果。

筆觸輕重

經由感壓筆的壓力設定變化與行筆快慢，可以決定筆觸之輕動。較大的壓力產生較重的筆觸。此技法很適合於大面積暗位表現。

尖筆交叉筆觸

選用小筆刷模擬炭筆尖端運筆的效果。若並用交叉技法或點刻技法，可以製作片片紋理層面。

明調子

使用炭筆側面做大筆觸行筆，可以繪製大片明調子的面塊。在感壓筆上的設定是減少層次級數與選用大筆刷。

灰調面上加筆觸樣式

使用較粗大的炭筆，在一片灰調面上繪出交叉筆觸樣式，可以產生有趣味的效果。

要·領·提·示

★炭筆最重要的基本技法之一是先建立大面塊，再慢慢加入細節描繪。

★細節描繪可以採用加入更細、更暗的筆劃方法，或採用細緻橡皮擦「擦出」亮筆劃的方法。或是用淺淡色調的筆劃刻擦出。

★嘗試使用各種紋理的底紙。有時後一些特殊的偶然效果，會令人有巧遇的驚豔之感。

★嘗試在一幅已完成的彩繪上加炭筆筆觸，也會有不一樣的全新感覺。

破筆觸

先使用書法筆刷或方形筆刷繪製，然後再使用炭筆濾鏡運算。這種效果與真正使用折斷的炭筆繪畫的效果一樣。

塗抹

塗抹是炭筆繪畫中常用的技法之一。可以在Photoshop中使用「高斯模糊」或「動態模糊」濾鏡，將原來的筆觸轉換而得。

添加白粉筆筆觸

在炭筆筆劃上添加白粉筆筆觸，也另有一番趣味，白粉筆與橡皮擦都相同的塗白功能。也可選用白色炭筆代替黑色炭筆。

粗重炭筆觸

炭筆筆劃粗重且不規則，甚或在紙上留下些飛白，會有戲劇性生動的獨特繪畫個性產生。

這張作品是以第65頁的人像為基礎繪製而成的。以速寫的手法先勾勒大略廓線，然後再運用多重技法，繪製臉部的細節部位。全幅的筆觸並非完全寫實精細，但是卻能掌握光影變化的重點，所以非常傳神。採用紋理較明顯的底紙，並讓飛白筆劃顯露其紋理，再加上塗抹的技法，更能表現出炭筆的趣味與真實感。

這幅花的炭筆畫是以一張花的彩色照片為參考圖。將一張非純白底色的厚紙板掃描入電腦當底紙，並在其上做畫。粗獷快速的筆觸，偶而會在留白處顯示底紙紋理。添加白粉筆觸用以增加整幅畫的明暗層次。

X RES

Photoshop

Illustrator

PhotoDeluxe

Painter

Art Dabbler

Colorit

CorelDRAW

CorelPAINT

LivePIX

炭筆—外掛模組程式

Adobe「素描濾鏡」中的「炭筆」與「粉筆／炭筆」選項，是這類炭筆工具中功能非常強大的外掛程式。它的操作介面非常簡單且快速。在處理小圖的效果上非常顯著。配合厚底紙的粗糙紋理，會有相當眞實的炭筆逼眞感。值得繪畫者多加嘗試。

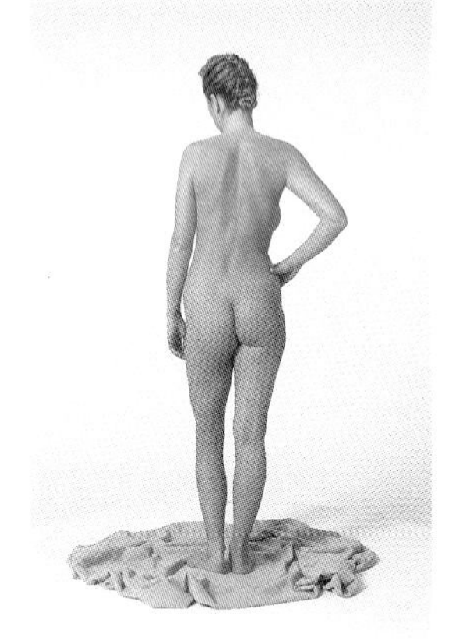

下面一系列的示範圖都是以這幅人像為原圖。原圖掃描入電腦後，經過適當的除污點與色調的調整，提高明度與反差取得最豐富的層次。

炭筆濾鏡
使用介面／設定

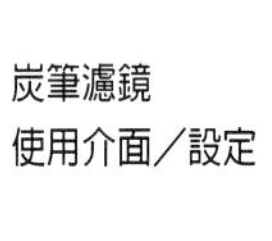

預覽圖
預覽圖小視窗可預視原圖的25%到1600%範圍。單鍵按壓並拖拉視窗內的圖像可移動之，並檢視運算後的效果。

筆觸寬度設定
設定值為1-7。

精細度設定
設定值為0-5。

亮／暗平衡設定
設定值為0-100。低於50趨亮，高於50趨暗。

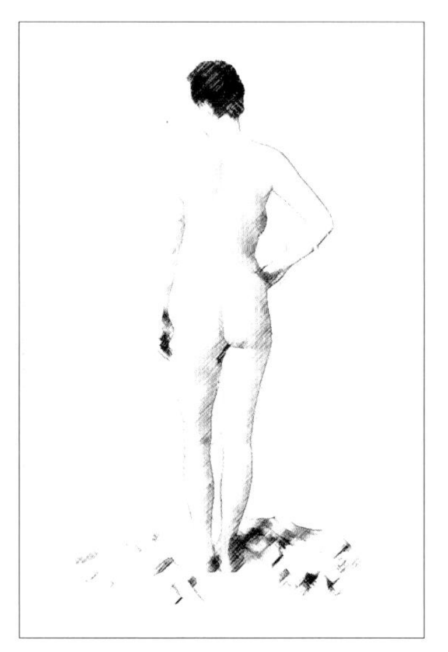

選項設定 筆觸寬度：1
精細度：5
亮／暗平衡：50

選項設定 筆觸寬度：5
精細度：3
亮／暗平衡：90

選項設定 筆觸寬度：4
精細度：0
亮／暗平衡：100

選項設定 筆觸寬度：7
精細度：2
亮／暗平衡：70

粉筆與炭筆濾鏡
使用介面／設定

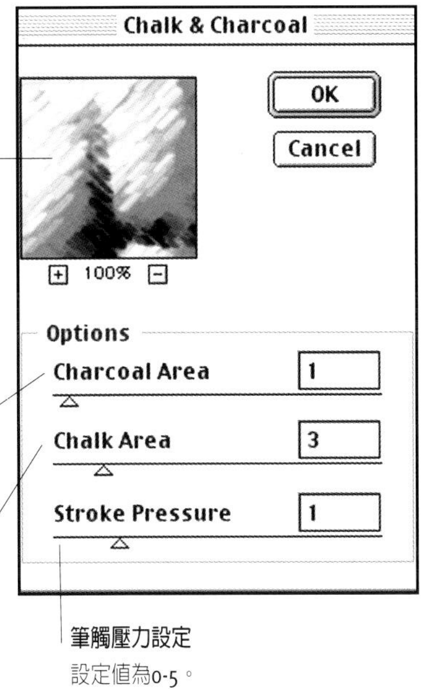

預覽圖
預覽圖小視窗可預視原圖的25%到1600%範圍。單鍵按壓並拖拉視窗內的圖像可移動之，並檢視運算完後的整體效果。

炭筆區設定
設定值為0-20。

粉筆區設定
設定值為0-20。

筆觸壓力設定
設定值為0-5。

選項設定 炭筆區：6
粉筆區：6
筆觸壓力：1

選項設定 炭筆區：3
粉筆區：5
筆觸壓力：1

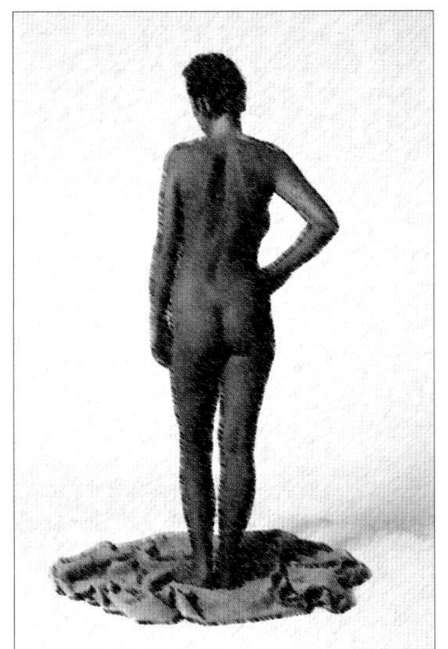

選項設定 炭筆區：1
粉筆區：20
筆觸壓力：1

選項設定 炭筆區：1
粉筆區：3
筆觸壓力：1

要·領·提·示

★炭筆濾鏡有減少圖像的細節部位之傾向。對亮位的邊緣也有柔化的副作用。

★為了加強保持細節部位，可以使用「鉛筆濾鏡」或「影印濾鏡」後，再與炭畫的原畫疊合。

這幅作品是同時使用了Adobe Photoshop的「炭筆濾鏡」與「粉筆與炭筆濾鏡」。底紙選擇油畫布紋理，四個邊界以白色柔和化。最後以一張非常模糊的原圖疊合而成。

X RES

Photoshop

Illustrator

PhotoDeluxe

Painter

Art Dabbler

Drawing Tablet

粗粉彩筆—配合數位板

用數位板與感壓筆來表現粉彩筆的特性，是相當方便且容易使用的。前面單元所述及的各種技法幾乎都可以應用到這個粉彩繪畫領域裡。快速流暢的筆觸所畫出的色面，因壓力的不同會使色調變化非常豐富。使用尖細的筆尖可以描繪細部的節理。交叉的筆觸技法與色光混合的原理，讓色彩顯現更亮麗更活潑。

粗粉彩筆對底紙的表面紋理，會產生非常直接與戲劇性的變化，所以繪畫者平時要多做不同設定條件的試驗，以瞭解各種情況的效果。當然，如同其他的數位繪畫工具一樣，粗粉彩筆的筆觸樣式可因設定條件的不同，而有不同的視覺效果。使用粗粉彩筆工具宜保持輕鬆自由的心態，因爲在實際的粉彩繪畫中，這種媒材是具有很豐富的表現性與繪畫性的感情，所以粗粉彩筆曾爲許多偉大的畫家所採用。由於它們的方便性，畫家們常用它來捕捉對象物稍縱即逝的印象。在速寫完後再加以細部的描繪，與色調的整理。

這幅法國街景是仿Raoul Dufy的畫風，以粗粉彩筆數位工具繪製而成。從畫中的粉彩表現，可以略見這種繪畫媒材非常適合速寫式的描繪。在原來的色面上加上其他顏色的筆觸也很方便，馬上就可以看出結果，它不似油畫或水彩，必須等其溶劑揮發後才看出效果。

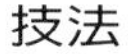

技法

下列示範圖例提供了一些粗粉彩筆運筆，與色調控制的基本技法。

平塗

用相同壓力的筆觸平塗，可以產生均勻的色面。飛白處可見底紙的紋理。

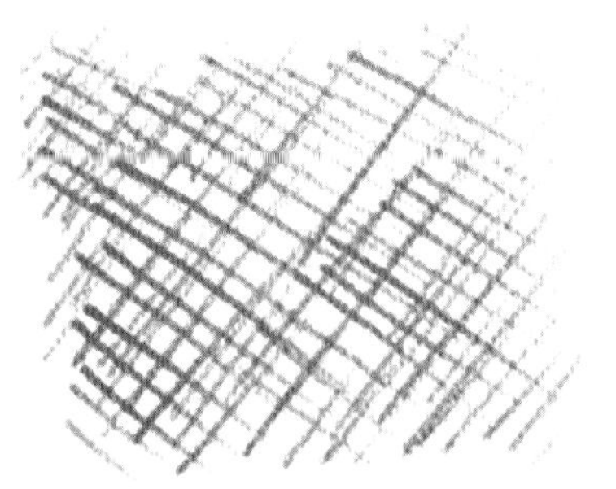

交叉筆觸

數位粉彩筆可以設定為很尖銳的筆端，而且不會因用久而磨鈍。交叉筆觸織成的色面會產生豐富的色彩層次。同時會反應底紙紋理，呈現多端的變化。

短筆觸

基本上它與交叉筆觸不太一樣。短筆觸宜採略平行的行筆方向。同時使用多色的粉彩筆觸，可讓色光自動地在人的眼睛中混合，產生較亮麗的混色。

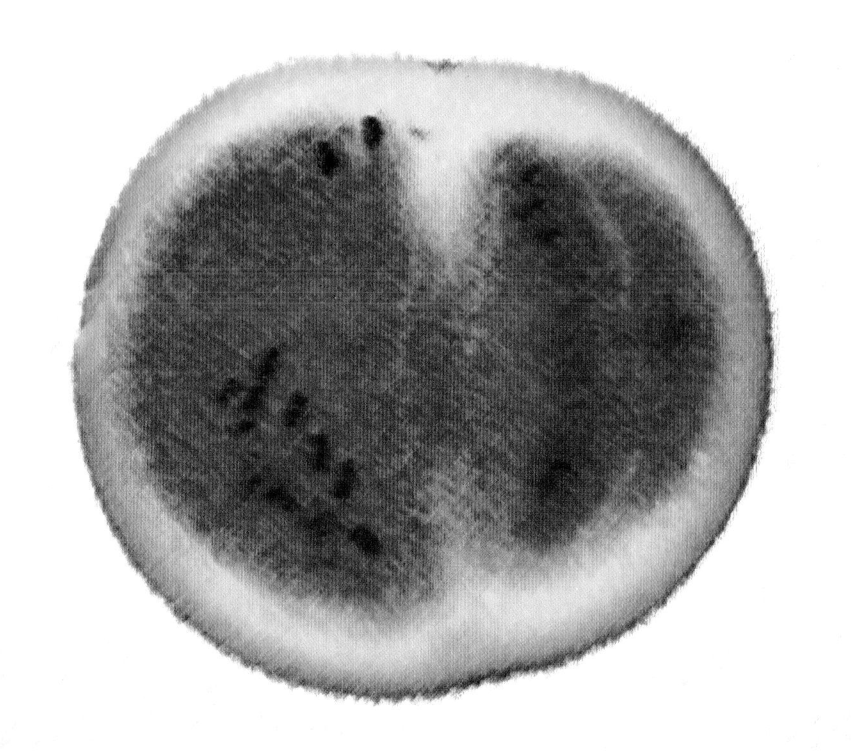

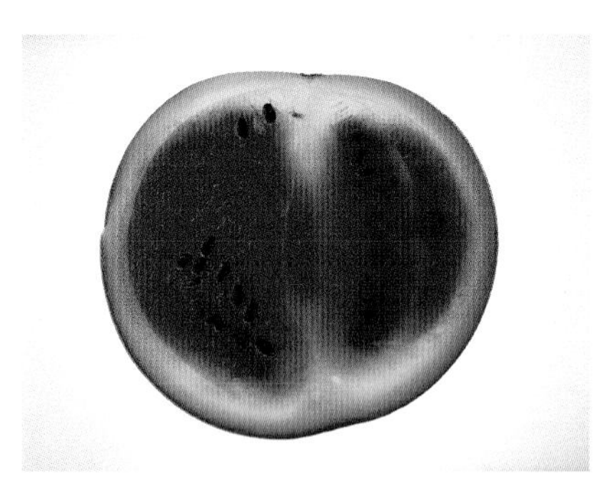

將原來的西瓜彩色照片掃描入電腦，並以適當的外掛濾鏡處理，以增加色澤去除污點。之後置入Painter軟體，再經軟體的仿粉彩筆刷之運算，產生有如外包一層描圖紙的朦朧效果。筆觸設定短促及不定方向。完成後的作品必須經過色調與明暗對比的適當修正。

塗抹

使用數位液態筆模擬用手指塗抹粉彩的效果。細微的粉粒壓入底紙纖維質內，就是傳統粉彩畫技法所謂的「顏色要吃入紙內」。

用水塗抹

使用無彩色的水彩筆代替手指塗抹，會製造比前述更有戲劇性的塗抹效果。

漸層

平行的筆劃逐漸變化其壓力，能增減色彩的濃度與亮度。在畫面上會產生漸層的色區。

刮痕

先以粉筆平塗色塊，再選用刮耙筆工具並設為白色，在色塊上刮畫，如刀刮切痕跡，在暗底的效果會越佳。常用於人像畫中，繪製細部的結構與層次。

改變壓力

行筆時設定不同的壓力，粉彩筆劃會依據底紙特性，反應出不同的筆觸表情。筆壓小，飛白的效果愈顯；筆壓大，顏色濃厚，不容易顯示底色。

要·領·提·示

粉彩的快速性質與直接性質，很適合作為油畫的初期練習媒材。

★先將掃描入電腦的圖像當成底圖，然後直接在其上使用粉彩繪製，是一種很好的方法。直接從底圖擷取色樣，可作為彩筆的顏色來源，非常方便。

★先不要太在意細節部位。以素描的基本方式先處理對象物大面積的明暗面，之後再處理細微之處。

★粉彩可重複疊加顏色，不受水性或油性顏料的溶質特性限制。所以細節部份可以待大面積處理後再補強。多色彩相疊所產生的偶然效果，也非常有趣。

X RES

Photoshop

Illustrator

PhotoDeluxe

Painter

Art Dabbler

Colorit

CorelDRAW

CorelPAINT

LivePIX

粗粉彩筆—外掛模組程式

傳統的粗粉彩筆適合於速寫。它能夠快速地運筆，精確地掌握顏色、明暗、主體的動態與構圖，並能忠實地反應底紙的紋理。筆壓減少時，顏色的濃度降低，筆觸的飛白明顯；筆壓增加時，顏色濃度提高，色料完全蓋過底紙，不見紙紋。

粉彩繪畫最吸引人的地方之一，是它的厚重飽滿的顏色感情。粉彩畫家常在作畫時，常有把對象物的顏色簡潔化的傾向。在用色考慮上，則盡量以越少的顏色，越濃烈的顏色，來表現色彩的震憾力與戲劇性效果。所以在此單元中，我們在啓動粗粉筆的濾鏡運算以前，都先用影像處理軟體，調整原圖像的平衡與彩度。

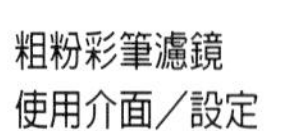
粗粉彩筆濾鏡
使用介面／設定

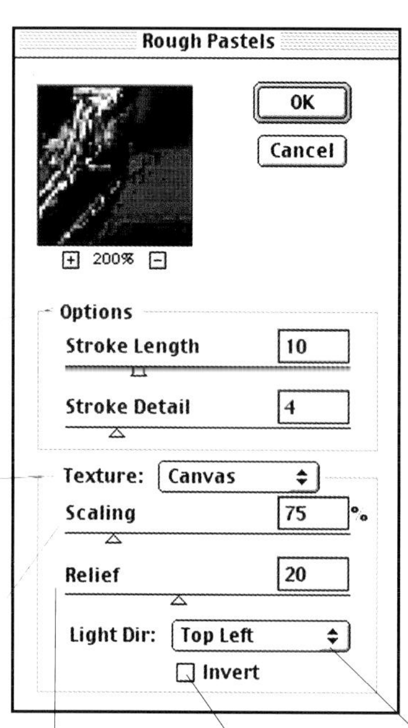

預覽圖
預覽圖小視窗可預視原圖的25%到1600%範圍。單鍵按壓並拖拉視窗內的圖像可移動之，並檢視運算後的效果。

選項設定
筆劃長度 0-40
筆劃細節 1-20

紋理
（已預設4種紋理。使用者可另自建）磚塊、粗麻布、油畫布、砂岩面、載入紋理。

縮放比例
50%-20%（紋理的縮放比例）

浮雕
0-50（紋理的深度）

反轉紋理
（紋理凹凸面的反轉）

光線方向
（上、右、下、左、右上等）

選項設定 筆劃長度：10
筆劃細節：4
紋理：油畫布
縮放比例：75%
浮雕：20
光線方向：左上

選項設定 筆劃長度：20
筆劃細節：10
紋理：粗麻布
縮放比例：100%
浮雕：30
光線方向：右上
反轉

選項設定 筆劃長度：30
筆劃細節：1
紋理：沙岩面
縮放比例：100%
浮雕：15
光線方向：右下

選項設定 筆劃長度：40
筆劃細節：20
紋理：磚塊
縮放比例：50%
浮雕：30
光線方向：左

選項設定 筆劃長度：6
筆劃細節：4
紋理：油畫布
縮放比例：100%
浮雕：20
光線方向：下

此威尼搖船粉彩畫是以Photoshop的粗粉筆的「砂岩面紋理」濾鏡繪製。整幅畫尚保留原圖的細節，但已略具粉彩畫效果。此圖可以當成另一原圖素材進一步處理。

選項設定 筆劃長度：25
筆劃細節：10
紋理：砂岩面
縮放比例：200%
浮雕：10
光線方向：左上

Xaos Tools的Paint Alchemy濾鏡程式，會根據原圖的色面結構，作出適當的反應。結構較為糾纏的區域，會保留較多的細節。色面節構較為單純之處細節會較少，有較粗略的色面表現。

此幅黃罌粟花田的粉彩畫，是以粗粉彩筆濾鏡繪製而成，斜行的粗粉筆觸，暗示風吹花搖的動態。此畫共使用了兩種濾鏡。首先以Xaos Tools的Paint Alchemy濾鏡運算，保留較少的細節。再使用Photoshop的粗粉筆濾鏡，造成較強烈的底紙紋理效果。

X RES

Photoshop

Illustrator

PhotoDeluxe

Painter

Art Dabbler

Drawing Tablet

油性粉彩筆—配合數位板

油性粉彩以油性原料爲基質所以彩料黏稠，在底紙或畫布上可繪出濃烈的筆觸。由於它有這種特性，所以色彩混色是以加成的效果呈現，其用色控制更具彈性與方便。可在原來的色塊或筆劃上，快速地添加其他顏色，或作細部的修飾。很適合用於速寫繪畫。

筆壓

藉由增加筆的壓力，加重筆劃的色彩濃度。油性粉彩筆不像前單元的粗粉彩筆，它很容易把底紙的紋理蓋滿，較無飛白效果。

塗抹

傳統油性粉彩筆可以使用手指或粗布來塗抹。數位油性粉彩筆則可用濕筆刷在原筆劃處塗刷，柔化筆劃。

粗紋底紙

在自創的粗紋底紙或是有色底紙上嘗試用油性粉彩筆，觀察其色調的無窮變化，是非常有趣的事。

漸變混色

使用多種顏色的短促筆觸，層層相疊可以繪出漸變混色效果。圖中的混色是由紅經橙漸變到黃綠。

交叉筆觸

交叉筆觸技法適用於各類粉彩筆。很容易用這種筆觸交織成色調豐富的色面。

彩色光點

短筆觸並列彩色點形成色面，並在觀者的眼睛中自動以色光的原理混色，產生亮麗的顏色。

柔色調

筆壓小、大面積、軟筆刷，可模擬粉彩筆側面運筆的效果。

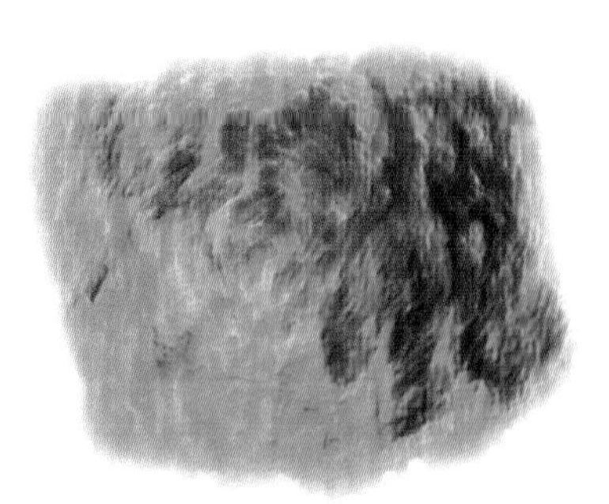

粗重筆觸

粗重筆觸會稍有立體感。可以先施用濃厚的顏色與較大的筆刷，之後再用燈光濾鏡運算。在筆觸或色彩交會處，會產生陰影深度。

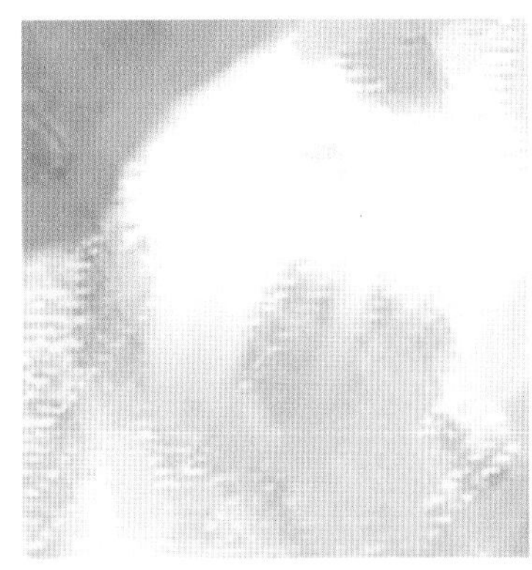

細節

仔細處理強光點，可以表現玻璃器皿的立體感與透明感。例如圖中富有曲面的玻璃瓶上若要繪製前述的效果，那麼強光點的形狀必須順著曲面發展，而且其邊緣要模糊。

這幅靜物畫是以Painter的工具繪製。圖中豐富的細部層次與飽和的色澤，這些都是油性粉彩筆的獨有特質。此圖是先以一照片為底圖，油性粉彩筆直接在底圖上覆塗。在Photoshop中的底圖中，以眼滴管取色樣供供筆刷設色。

要·領·提·示

★傳統畫家常用粉彩筆來勾勒對象物的外廓線。

★曲線形也適合上述的技法。更能強調形態與立體感。

創造戲劇效果

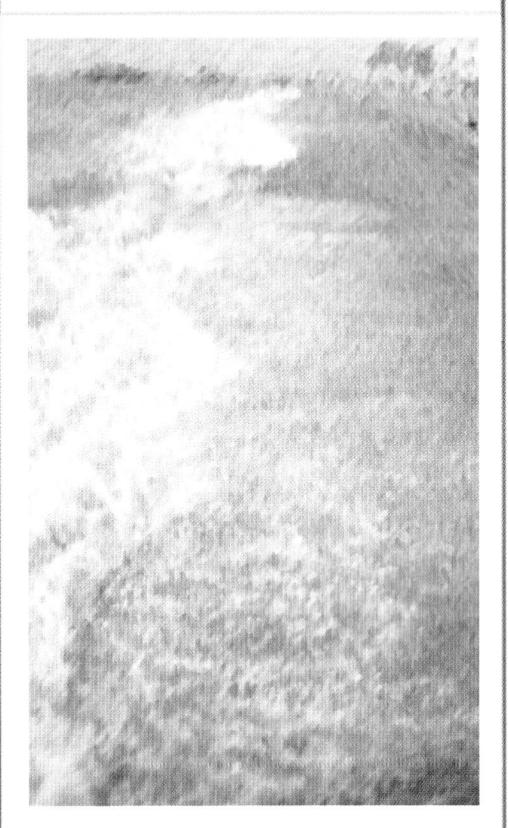

上幅海浪拍岸的畫是以傳統的油性粉彩筆繪製。鬆散短促的筆觸造成海浪的動態感覺。色彩是以跳躍於紙上的點彩，以色光的方式在觀者的眼中混色。這種點描法常見於十九世紀的印象派繪畫中；秀拉（Geoges Seurat）的作品是最有名的例子。

右幅是同樣海景的單色調畫。先在Photoshop中使用「色相／飽和度」調整指令，增添藍色。之後再使用「色彩平衡」指令，設定陰影部增加紅色，明亮部位增加黃色。底紙顏色設定為黃褐色。然後置入Painter軟體，以粉彩筆與鉛筆工具繪製。最後以「遮色片銳利化」調整，以增補細節。

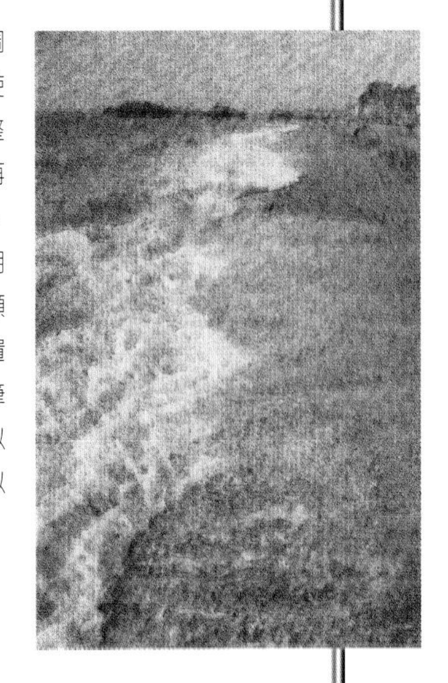

油性粉彩筆—外掛模組程式

油性粉彩筆的繪畫技法因人而異，但是油性粉彩筆的特性卻始終不變，那就是這種媒材的濃稠性質，很適宜做直接的混色。色料以堆積的方式塗佈在底紙上，底紙完全被色料覆蓋，不若粗粉彩筆觸尚有飛白之處。

數位油性粉彩筆較傳統粉彩工具方便的地方，是它具有無限的混色可能性。細微的色調變化，不僅可以藉由精細的壓力設定獲得。色彩也可由現有的底圖中擷取色樣，來作適當的調整再應用。

選項設定 筆觸長度10
亮部區域15
強度5

選項設定 筆觸長度5
亮部區域25
強度0

塗抹棒濾鏡
使用介面／設定

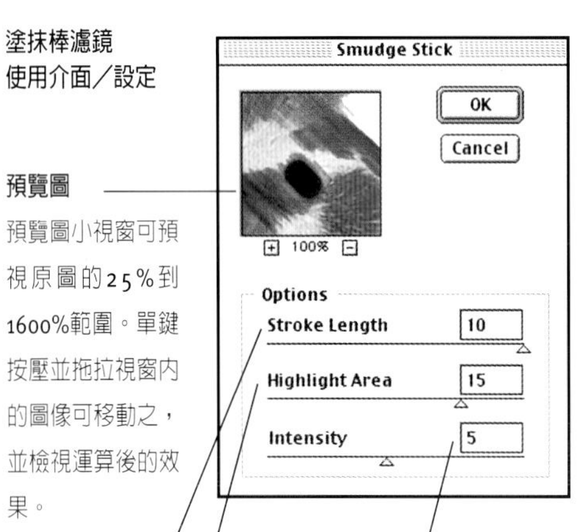

預覽圖
預覽圖小視窗可預視原圖的25%到1600%範圍。單鍵按壓並拖拉視窗內的圖像可移動之，並檢視運算後的效果。

選項設定
筆觸長度
（塗抹的筆觸長度）設定值為0-10。

亮部區域
（圖中全體亮位區域，有被作用的範圍。數值越小有被作用的亮部位範圍越少）設定值為0-20。

強度
（表示濾鏡功能的作用強度。數值越大可能作用會過度，但是「淡化…」濾鏡指令可以減緩作用）設定值為0-10。

選項設定 筆觸長度20
亮部區域5
強度5

選項設定 筆觸長度3
亮部區域20
強度0

平順線條

藉由嘗試改變各種筆刷的寬度，可以找出最能表現真正油性粉彩筆效果的設定值。此幅畫使用非常細膩的粉彩筆觸，使主體形態的邊界模糊不明顯。

增加色彩強度

增加色彩的彩度可以擴展濾鏡有效的作用範圍，完成作品的色彩會益顯濃厚有層次。

Adobe Photoshop的「塗抹棒濾鏡」會有類似油性粉彩筆的效果。在使用此濾鏡以前，最好先把原圖稍加柔化並增加亮度。若是想在濾鏡運算後，尚能重獲些許細節部位，可使用Photoshop的「淡化…」濾鏡指令。在「預視」的勾選下，移動滑桿直到滿意為止。

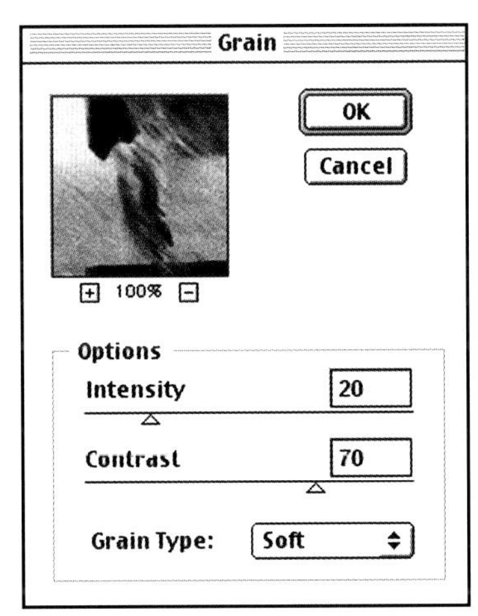

粒狀紋理濾鏡

使用「粒狀紋理濾鏡」可在原圖上加上粒狀效果。採用較低的粒狀設定值，並且稍為調整色彩屬性值。

要・領・提・示

此張鸚鵡的彩繪圖是繪製於細微粒的底紙上。

- ★以Adobe的粒狀紋理濾鏡（濾鏡 > 紋理 > 粒狀紋理）運算，並柔和化。此舉會增加粒狀紋理，有助於色調混合與增加層次。
- ★粒狀紋理濾鏡中的「粒狀類型」選項可作多種選擇：規則的、軟的、噴灑、垂直的、水平的等等。
- ★其他選項設定有：濾鏡強度、濾鏡對比。

Paint Alchemy 濾鏡

此張鸚鵡的彩繪圖是以Xaos Tools的Paint Alchemy濾鏡，在一般的設定值條件下，運算而得。粉彩筆的筆觸方向設為「不定」，並柔和化。濾鏡介面有各種選項，包括筆觸大小、顏色、筆觸方向、色調等。這些設定可隨原圖的亮度／對比、顏色，或以隨機方式而改變。嘗試各種設定值，可會有非常不同的最終效果。

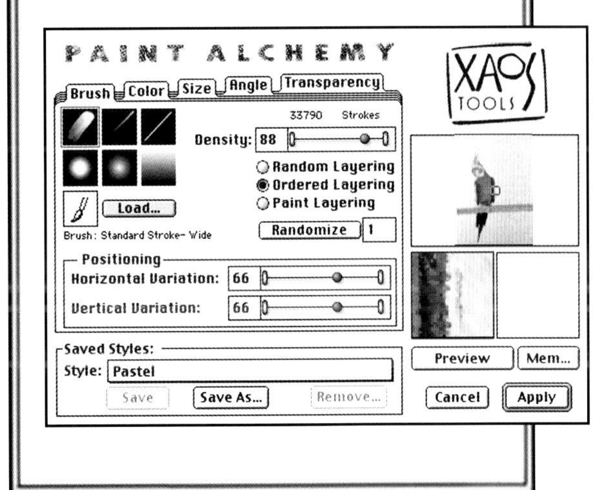

X RES

Photoshop

Illustrator

PhotoDeluxe

Painter

Art Dabbler

ColorIt
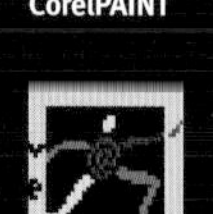
CorelDRAW

CorelPAINT
LivePIX
FreeHand

噴筆—技法

噴筆工具盛行於1960至70年間。主要是用於彩色照片的修飾。它也可說是現今如Phtoshop等數位影像處理軟體的先驅。現在的數位噴筆工具比傳統噴筆更方便、更精確。數位噴筆工具噴出色點非常均勻，不會有滴漏、放炮的現象。小面積或是細部的筆觸處理，只要一些簡單的設定就可以達到，不必像傳統噴筆大費周章。

技法

噴筆工具的主要技法之一，是要會使用「遮色片」。遮色片的作用是在遮蓋圖像中的某一區域，不讓顏色侵入。數位遮色片的設定非常細膩，例如可隨意調整其透明度。

隨噴筆壓力變化顏色濃度
顏色濃度的變化隨噴筆壓力的大小而改變，筆壓力加大顏色濃度加深。筆壓力也影響噴出量、噴口大小，以及色相。

淡化
噴筆行筆方式可設定為由有顏色漸淡化到透明。若設筆刷長度較長，則淡化程度較緩慢。淡化方式也可設定為，由第一色漸次淡化轉入第二色。

球形
剪製一圓形遮色片，遮蓋住圓形外圍防止顏色外溢。選用柔淡筆刷，低不透明度，慢慢地一層層加深同顏色的色調，以建立三度空間立體感。

漸層
使用傳統的繪畫工具來製作漸層是一件非常困難的事。圖中的漸層效果是使用Photoshop的線性漸層工具繪製。

這幅汽車的噴筆畫是使用非常精確的遮色片技法繪製而成。一旦每一個遮色片剪製完成，其餘的噴筆工作就很快速了。有時候濾鏡會比筆噴筆工具來得有效。「模糊濾鏡」常用來製作類似噴筆的柔和效果。

光源效果
使用Photoshop的「光源效果濾鏡」，來製造光束斜照射在一片紅色底紙的效果。

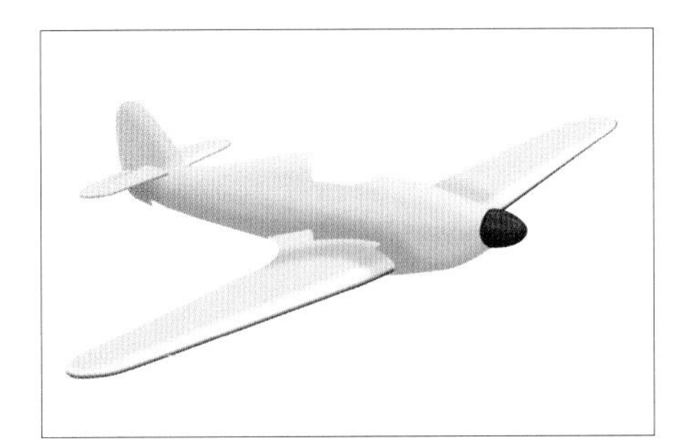

1 此幅第二次世界大戰的戰鬥機是用前頁所說的噴筆技法繪製。

首先裁製一飛機基本型遮色片。選用中灰色作為底色基調，噴出飛機的大略外形與明暗。以便慢慢噴加其他顏色。

2 在圖一上按部就班地逐漸加上細部單一色彩層次。專門繪製飛機的插畫家，很喜歡使用噴筆工具來處理飛機的金屬表面，因為這種工具不會顯現筆觸，很適合金屬的質感表現。

3 此時一些其他的顏色先後加上。注意保持原圖設定的整體明暗調，灰色處逐漸為色彩取代。進一步再使用其他細筆與顏色，勾勒細節之處。

4 最後用大筆觸噴刷出天空後，再用模糊濾鏡柔和化。機槍火花則是用前頁所述的「淡化」的技法繪製；筆劃由槍口處開始逐漸變小，顏色則由紅色開始，轉換到黃色，終於白色。

自製筆刷

Photoshop的筆刷工具欄可加入先前自製的筆刷。下載筆刷以後直接就可在畫面上使用。此圖的筆刷是圓球形。

發光體

Photoshop的噴筆工具可以與其他的畫筆工具配合使用。此處的光環是先以Photoshop的筆形工具繪出一圓形，再設定噴筆為大筆刷、低不透明度、色彩增殖模式，沿圓形路徑一圈圈噴刷。噴刷進行時逐漸減小筆刷大小，並逐漸加亮顏色。如此方式重複沿路徑噴刷，直至滿意為止。

X RES

Photoshop

Illustrator

PhotoDeluxe

Painter

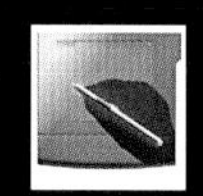
Art Dabbler

Drawing Tablet

水彩—配合數位板

爲了能眞正模擬傳統水彩的眞實感，數位繪畫者有必要先充份瞭解水彩這種最普遍的媒體之特性。水彩畫法是將水溶性色料直接在白色底紙上薄塗。藉由顏色層層相疊的方式，來增加色塊的濃度與色調層次。輕快、自在是水彩畫的獨特性質，但卻不失草率。所以保持某些程度的細膩處是必要的。

由於水彩特有的流暢性質與透明性質，使它有別於其他的繪畫媒材。歷代一些曠世的水彩畫家能繪製出偉大的作品，都因爲他們能充份掌握這些水彩的特質。今天，數位繪畫者可以使用非常方便的數位工具，與有效的構圖原理，也能步著前人的非凡足跡，創作不同凡響的作品。

數位板

數位感壓筆讓繪畫者使用水彩媒材，有很大的靈活操作空間。改變筆壓力大小，便能設定筆刷大小、色彩、色彩透明度、色調與流動等條件。其實作者也能夠自製多種水彩專用底紙，讓作品有更多樣的風貌。

技法

此處的水彩畫都是使用MetaCreation Painter軟體繪製。這種軟體有非常強大的功能，很適宜處理水彩媒材。水彩的渲染效果，可以使用擴散水性筆來繪製。

平薄塗

使用寬闊筆刷，一層層平塗出同色調的色面。雖說平塗，但也要稍變化筆刷的壓力、大小等。筆劃盡頭處要保持平整。筆觸會反應底紙紋理的材質。

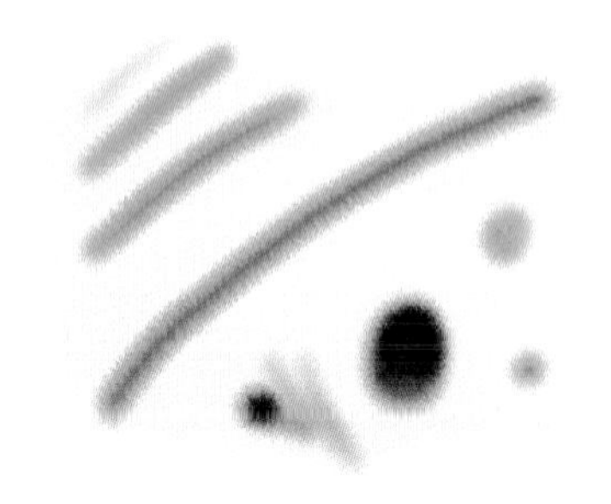

暈渲

此技法是模擬在一尚未乾的色面上，另加上濕筆劃造成程暈染現象。綠色筆劃以偶然的方式，在黃綠色面上擴散暈染。

漸層調

使用較乾的平塗技法，由上而下平行塗刷，顏色由深逐漸變淡。採用紋理較粗糙的底紙，足以表現更特殊的漸層色調變化。

洗拭

以一無顏色的濕筆在一尚未乾的藍色面上，洗拭出較淡的濕筆劃。這是水彩畫常用的技法之一。

濕橡皮擦

此效果好似在一未乾的紫色面上，用一無顏色的濕筆擦拭出線條。有時畫面中的一些亮點可用此技法擦繪出。

潑濺

Painter軟體有一模仿輕彈水彩筆上的色料，潑濺到紙上的功能。潑濺的量是以彩筆的行筆速度來決定。

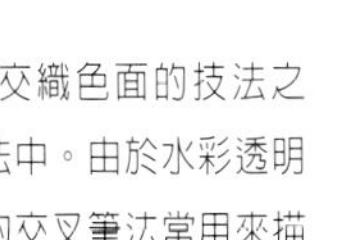

交叉筆觸

交叉筆觸是用來產生交織色面的技法之一，也常見於水彩畫法中。由於水彩透明的特性，所以其精緻的交叉筆法常用來描繪較細膩的部位。色調掌握較方便。

乾加色法

在一粗糙水彩底紙上先塗刷一綠色面，待乾燥後，再在其面上添加橙色筆劃。注意進行中可稍加改變筆壓大小，讓其中有飛白的繪畫性趣味。

此幅百合花水彩畫，是使用細緻的彩筆，並以上述的交叉筆觸技法，構築多層次的色調。雖整體畫面經過柔和化的霧面處理，也不失其細節部位的層次。表現真正水彩畫的特性。

水彩濾鏡

這兩幅水彩畫都是用Photoshop的濾鏡運算而得，請比較其間的不同處。雖然水彩濾鏡可以繪製有水彩特性的趣味效果，但是卻無法模擬真正水彩畫的透明感與亮麗的輕盈感。通常它都會降低整體畫面的明亮度，讓筆觸顯得頗笨拙。

要·領·提·示

★在彩繪水彩以前，可先用鉛筆濾鏡運算原圖，然後再於其上進行繪製。

★由於水彩的透明特性，所以宜用漸次的方法疊加顏色。

★請嘗試各種不同紋理的水彩底紙，會得到意想不到的有趣效果。

★數位水彩技法可以直接在原底色上，以較亮的其他顏色加上強光點。傳統的水彩技法是無法做到的。

★自由筆觸常能產生驚奇的結果。所以不妨將畫筆設定成許多不同的筆跡條件，試一試。

Photoshop

Painter

Art Dabbler

Drawing Tablet

水彩技法示範步驟

以下以一系列的步驟示範圖，來說明如何利用Painter軟體，創作一幅風景水彩畫的基本過程。但是這只是許多技法的一種，每一位畫家都有其獨特的方法，所以不要拘泥於某一種技法格式。首先選用一張風景照片當作參考圖。但是要記住，把握住水彩的特性，繪製具有水彩韻味的作品，才是我們的最終目標。

傳統的水彩畫家是用採用由大到小，由粗到細的筆劃原則，來構築他的畫面。我們雖然使用數位工具，但是若能掌握此原理，也能媲美傳統水彩畫。

掃描一張風景照片作為參考圖。原圖已經過適當的色彩屬性的調整，讓參考圖像更趨完善。一旦滿意後，重新設定影像尺寸，使之與預設的輸出尺寸一樣，並儲存成TIFF檔案格式。

要·領·提·示

為了能更精確地描繪輪廓，所以先掃描一張風景照片作為參考圖，再將它用素描濾鏡運算，轉換成黑白線稿形式。一旦完成，便可在其上彩繪。

★使用色層的模式來作畫，方便控制透明度，與整體畫面的明暗度。此法有益於保持細部層次不被削減。

★上述技法也可應用於其他的繪圖軟體，效果也很好。繪圖方法無窮盡，運用各種繪畫技法與原理，能創造無限的可能效果。

1 使用類似2B的鉛筆，簡單快速地勾勒出全景的外廓線。作為進一步彩繪的基礎。

4 再來處理草地前景。使用細筆觸沾上黃褐色，繪出細部節理。再仔細使用輕筆觸，快速地在草地上塗刷過，減少太犀利的部位，造成草被風吹過的動態感。樹叢處再增加細節層次。

2 在原參考圖上取色樣，作為水彩筆刷的用色。設定寬幅筆刷、柔和色調。筆觸反應底紙紋理。第一層塗刷的顏色作為基色調。色調則逐次由淺漸入深，一層層加上顏色；但整體也要保持在明亮基調。最後畫面待乾，準備下一階段的塗色。

3 在此階段中，慢慢地繪出較細微的地方。使用較小的筆觸，把房舍與樹叢細部描繪出來。使用無彩的筆刷，洗拭出前景草地上的層次，並加上些許細節。在樹叢下增加灰色面作為陰影，製造立體感。

5 接下來處理房舍細部，繪出門窗。用深綠色與黃褐色再來補強樹叢質感。在Painter軟體中使用「加深」與「加亮」工具來修飾一些細微處，以增強光線與陰影關係，形成立體感。最後階段則是製作水彩紙的紋理，以配合最佳的水彩畫視覺效果。水彩技法最重要的一點是：知到何時停止。過度的加色會使顏色渾濁，破壞畫面的乾淨。此幅示範圖便在強調這個觀念，其所關心的不再是細節處，而是整體的色調、光影與氣氛。

X RES

Photoshop

Illustrator

PhotoDeluxe

Painter
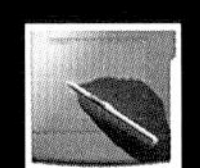
Art Dabbler

Drawing Tablet

油畫—配合數位板

油畫的歷史流傳久遠，所以它的技法包羅萬象。幾乎每一位著名的畫家，都研發出一套獨一無二的個人油畫技法。基本上，我們可以從顏料管內，壓取油彩不經稀釋直接塗佈於畫布上，造成厚重濃稠的堆積色彩。也可以用油性溶劑稀釋，讓筆畫更流暢平順。

技法

「試驗」是油畫技法的不二法寶。由嘗試中可以找出許多很不錯的嶄新方法，足以讓人驚訝不已。從其他繪畫媒材，如筆與墨水中，也可發現很多可用之於油畫的技法。它的表現會大不同於原來的樣子。

試著把握油畫的基本特質，然後如前人一樣去建構自己的技法。例如運用油畫的厚重、不透明性質去直接混色；或是如大畫家秀拉，使用點描法把用色點構成畫面，讓色光間接地再觀看者的眼中混色…。以下僅介紹幾種可能的技法供各位參考。使用的軟體是MetaCreations Painter。

直接塗色
是初學者最直接最本能的方法。像疊架磚塊般地使用短筆觸，來構成色面。由於小筆觸的色點邊界不明顯，所以筆劃不會顯得太突兀。

轉換
由一個顏色漸次轉換到另一個顏色，宜使用軟筆觸來繪製。兩色之間的轉換區會有多采多姿的色調混合。試一試不同方向與壓力的筆劃。

碎筆觸
使用流性較佳，兩種顏色的短筆觸，隨性散佈色點。讓色光自然地在眼睛上混色，形成一會閃爍的有趣畫面。

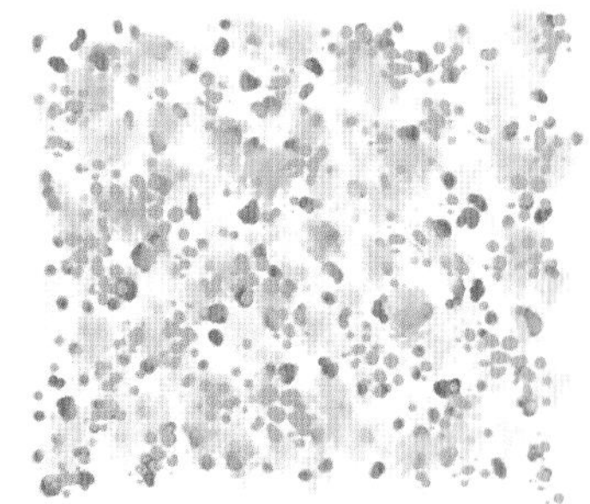

點彩
這是另一種形式的碎筆觸。運用筆尖部位在畫布上隨意戳點，盡量不用到筆筆刷側面。改變不同的筆壓試試各種效果。

乾筆
此處所顯示的是，以沾色很少的筆塗刷出來的結果。乾筆的特色是，在筆刷處會顯露底紙或畫布的紋理一謂之「飛白」。沾色越少飛白越明顯。

上光
數位油畫筆可藉由透明筆刷設定，輕易地模擬傳統油畫的上光效果。藍色亮光色覆蓋過黃色底色，黃色隱約地透過藍色層，形成多層次的混色效果。

漸層
柔化的寬輻筆刷是繪製漸層色面最佳的工具。無明顯方向性的運筆方式，繪出由深綠到淺綠的漸層色面。不斷地重複塗刷，直到漸層效果滿意為止。

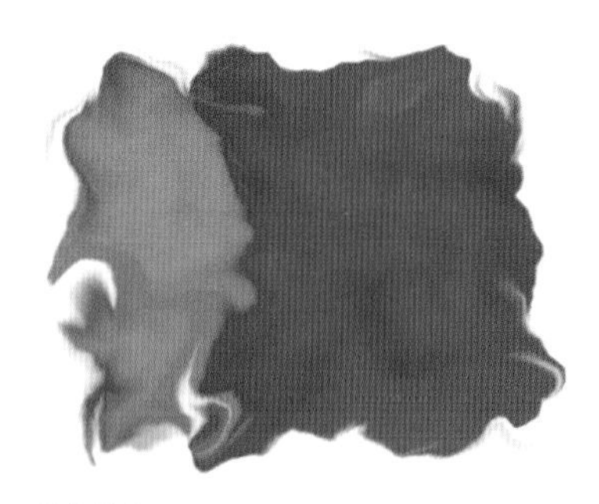

油性溶合

使用Painter的變形筆刷，來模擬兩種油性顏料的溶合。色面邊界的溶合不是混合，所以要保持兩色的流動感，且其邊界有互相攪拌的現象。

紋理

使用不同的筆刷或是直接取用已掃描的紋理加之於畫面上，會有意想不到的效果。此處是使用了刮痕工具。

刮劃

使用刮痕工具模擬用尖物在畫布色面上，刮出筆觸的痕跡。選用白色顏料，用快速且同一方向的筆劃，會有如此效果。

眉毛

使用非常小的筆刷，慢慢地畫出一根根的細毛。

眼睛

眼珠的顏色不宜太複雜。強反光點對人的眼神之銓釋非常重要。所以要仔細處理。

膚色

使用柔和的筆刷繪製皮膚顏色，能表現彈性柔軟的肌膚感。膚色是在原圖上以滴管選取色樣而得。

陰影處

使用透明性的筆刷，輕輕地塗覆色面。

強光亮位處

一般都是在快要完成階段，再來處理強光亮位部位。此處使用了Photoshop的加亮工具，來繪出臉部的強光亮位處，有畫龍點睛之效。

此幅油畫的原圖是取自Photo CD上的現有圖檔。背景已被簡潔化，用以強調主體—臉部。衣服也改為黑色。應用各種筆觸與技法，來完成此色調飽滿，油畫特色豐富的創作。

此幅油畫是以一張掃描且經過色彩校正的彩色照片為底圖。在原圖上以滴管選取色樣，再於底圖上用各種油畫筆刷繪製。當一切大色面與光影妥善處理後，再用細筆刷修飾細節部位，直到滿意為止。

油畫技法示範步驟

此幅摩拖車油畫技法是以漸次構築的方式進行，先從大面積的形態、色調、色面著手。光線與陰影首先架構出機車的雛型。之後再使用小筆觸、加減光工具與塗抹工具，來處理整個物件。最後與天空背景組合；背景是在另一個練習中完成的作品。

Photoshop的指尖塗抹工具

在處理顏色與顏色之間的轉換的動作時，Photoshop的指尖塗抹工具是一非常管用的利器。使用時壓力設定宜較小，則顏色之間的轉換不會太激烈，動作比較容易控制。顏色可以藉由這個工具，來製作前進或後退的立體感。

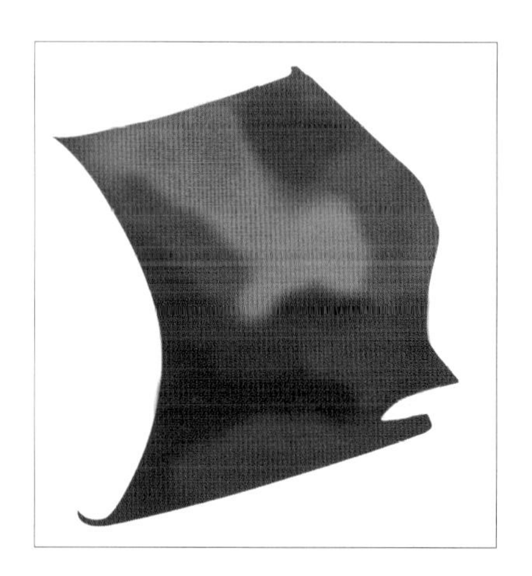

1 首先剪裁一個—機車側面版的遮色片，用來阻隔其它部位，避免被顏色侵入。用寬闊且快速的筆刷，大面積的塗刷，來建立粗略的色面與明暗調。

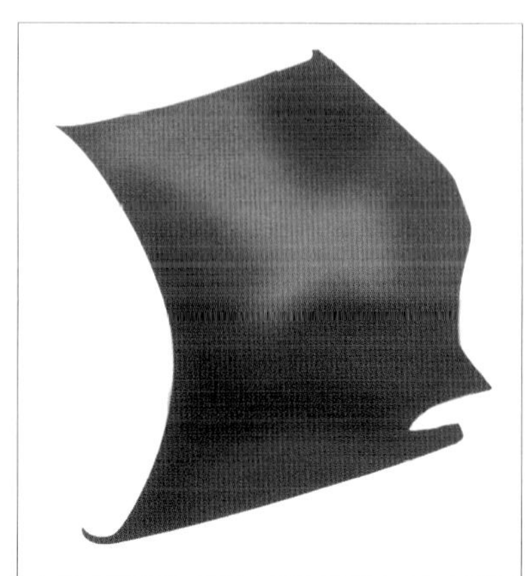

2 一旦機車側面版初建完成，用Photoshop 的模糊濾鏡來增強其漸層效果。此處是用了「動態模糊濾鏡」，角度為45度，間距為30個像素。再重複一次「動態模糊濾鏡」，此次的角度為0度。經過這兩個動作，漸層效果會更明顯。

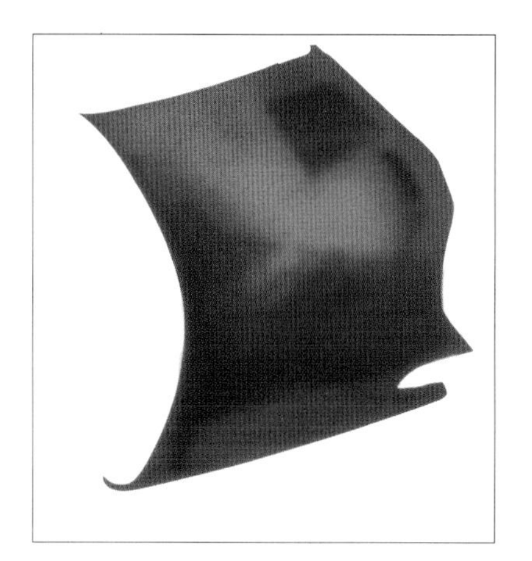

3 使用Photoshop的加亮工具與加深工具，進一步來處理陰影部位增加細節。這兩個工具可加減色面的明亮度，但不致影響細節處。再用細小筆觸來補強側面版的細微色調結構。

4 最後用小筆觸來修飾諸如摺痕、卯釘等細微處。用細筆刷的指尖塗抹工具，壓力設為100%，來處理機車側面版的邊界與強反光點，加強立體感。

先以指尖塗抹工具處理天空背景圖的顏色與色調。然後再用Photoshop的「傾斜效果濾鏡」運算，使地平線中央部位傾斜。

機車頭燈的玻璃質感與色面，是用小碎筆觸繪製。

最後動用了各種工具，如細鉛筆、噴筆、毛筆等，做整體的整理與修飾。遮色片技法是整個工作的重點。

大面積的色塊是以鬆散的筆刷塗繪，之後再用Adobe Photoshop的「塗抹繪濾鏡」在低設定值的條件下運算。

5 整部機車都是採用上述的遮色片技法，一個部位接一個部位，按部就班組合而完成。最重要的是，雖然機車的金屬版有柔和的漸層感，但是其細部結構不可以缺失。

要·領·提·示

Photoshop的指尖塗抹工具，是模擬油畫效果非常有用的工具。

★壓力設定為100%，筆刷設為柔和化小筆觸，塗抹色面可造就細微色調變化。

★壓力設定為50%，筆刷設為柔和化大筆觸，可平順地轉換顏色，增強漸層效果。

★可以採用多圖層的工作方式，在圖層間互換。例如拷貝某一已經完成塗抹處理的圖層，轉貼到另一待繪製細小零件的圖層下，作為背景層。

油畫—外掛模組程式

Photoshop軟體內建有許多濾鏡外掛程式，能模擬許多繪畫媒材效果，特別是油畫效果。建議各位多去嘗試這些有趣的濾鏡。它們能夠徹底改變原畫的底紋結構，呈現多樣的面貌，有助於創造更新的油畫技法。此單元的基本技法是先掃描一張圖片當成底圖，再經濾鏡運算，直至滿意為止。

Adobe的「塗抹繪畫濾鏡」

此「塗抹繪畫濾鏡」能繪製非常真實的油畫筆觸感覺。可以使用此濾鏡，直接作用於原圖上，而不影響原來的細節。也可以先用模糊濾鏡削減細部結構，再來啟用塗抹繪畫濾鏡，讓完成圖更富有油畫的特徵。

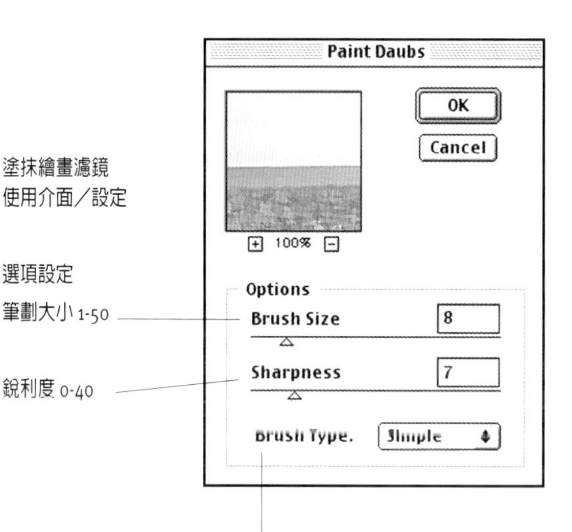

塗抹繪畫濾鏡
使用介面／設定

選項設定

筆劃大小 1-50

銳利度 0-40

筆刷類型

簡單、自然亮光、自然黑暗、廣域尖銳化、廣域模糊化、閃光。試用各種筆刷類型，看看有何不同的結果。自然亮光與自然黑暗，會分別作用於全畫面，並強調亮部與暗部。而廣域尖銳化與廣域模糊化，會模糊全畫面。

選項設定
筆劃大小 10
銳利度 10
筆刷類型 簡單

選項設定
筆劃大小 20
銳利度 10
筆刷類型 自然黑暗

選項設定
筆劃大小 20
銳利度 25
筆刷類型 廣域模糊化

選項設定
筆劃大小 27
銳利度 7
筆刷類型 閃光

Adobe的「版狀切割濾鏡」

此「版狀切割濾鏡」可模擬用畫刀在畫布上塗刮顏料的效果。此法大量削減細部層次，表現鬆弛寬闊的刀痕筆觸。這個濾鏡很適合來繪製底圖，作為進一步精繪的基礎。

選項設定 筆劃大小 10
筆觸細部 3
柔軟度 5

選項設定 筆劃大小 20
筆觸細部 1
柔軟度 10

版狀切割濾鏡
使用介面／設定

選項設定
筆劃大小 1-50
筆觸細部 1-3
柔軟度 0-10

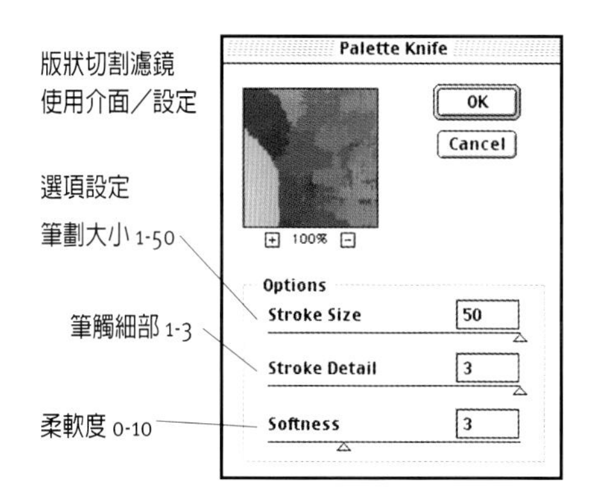

選項設定 筆劃大小 20
筆觸細部 3
柔軟度 0

筆畫大小設定為50極限值時，會使貝殼的原始形象極度消變弱。形成簡單的平塗抽象色面。此工具適合於粗大的筆刀特殊畫法。

選項設定 筆劃大小 50
筆觸細部 3
柔軟度 3

要・領・提・示

為了增加「版狀切割濾鏡」在較平板的色面上作用的效果，可以先在原圖上施用「增加雜訊濾鏡」。

★開啓「增加雜訊濾鏡」，設定「總量」為適中，點選「單色」。畫面中會出現微粒狀現象。

★開啓「動態模糊濾鏡」，使上述的微粒狀模糊。

★開啓「版狀切割濾鏡」，使較平板的色面呈現略透明的色調。

X RES

Photoshop

Illustrator

PhotoDeluxe

Painter

Art Dabbler

ColorIt

CorelDRAW

CorelPAINT

LivePIX

其它油畫外掛濾鏡程式

Adobe有另外有兩個常用的油畫濾鏡程式，就是「乾性筆刷濾鏡」與「著底色濾鏡」。這兩個濾鏡與前面單元的濾鏡很相似，都能產生逼真的油畫特質。但是最大不同之處是能在畫面表層，產生各種畫布、磚紋、砂岩、粗麻布等底紋效果。

Adobe的「著底色濾鏡」

此「著底色濾鏡」能繪製非常真實的油畫筆觸感覺。選項種非常多樣，有筆刷大小、紋理取材範圍、紋理種類、比例等。有助於油畫技法的表現。其特性是雖能繪出色面結構，但是無法兼顧細部節理。

著底色濾鏡
使用介面／設定

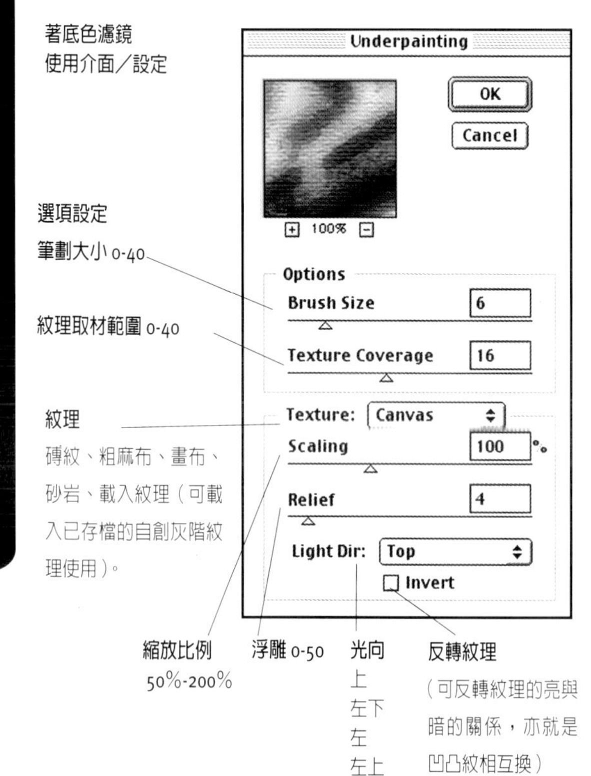

選項設定

筆劃大小 0-40

紋理取材範圍 0-40

紋理
磚紋、粗麻布、畫布、砂岩、載入紋理（可載入已存檔的自創灰階紋理使用）。

縮放比例
50%-200%

浮雕 0-50

光向
上
左下
左
左上
上
右上
右
右下

反轉紋理
（可反轉紋理的亮與暗的關係，亦就是凹凸紋相互換）

選項設定 筆劃大小 6
紋理取材範圍 16
紋理 畫布
縮放比例 60%
浮雕 4
光向 上

選項設定 筆劃大小 10
紋理取材範圍 10
紋理 粗麻布
縮放比例 50%
浮雕 8
光向 右上

選項設定 筆劃大小 20
紋理取材範圍 10
紋理 砂岩
縮放比例 50%
浮雕 8
光向 右下
反轉紋理

選項設定 筆劃大小 40
紋理取材範圍 20
紋理 粗麻布
縮放比例 100%
浮雕 8
光向 左上

Adobe的「乾性筆刷濾鏡」

顧名思義「乾性筆刷濾鏡」是在模擬以沾少量顏料的筆刷來作畫。由於是乾性的筆觸，所以很容易顯現出底材的紋理結構，留下很真實的油畫感覺。

選項設定
筆劃大小 10
筆刷細部 10
紋理 3

乾性筆刷濾鏡
使用介面／設定

選項設定
筆劃大小 0-10

筆刷細部 0-10

紋理
1-3
（但是用此設定，並不能有預期的紋理效果）

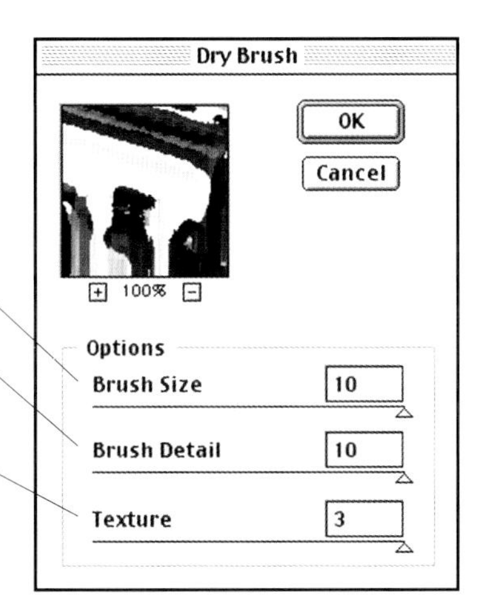

選項設定
筆劃大小 5
筆刷細部 5
紋理 2

選項設定
筆劃大小 2
筆刷細部 3
紋理 1

要·領·提·示

「乾性筆刷濾鏡」雖能模擬油畫效果，但是觀者也很容易發現一個缺失，就是所有的筆觸方向與筆觸大小都一樣。這種現象看起來會益顯不真實。

★避免之道如下，先翻轉圖像的方向，再啓動濾鏡運算，然後再翻轉回來。如此筆觸方向會完全不一樣。

★上述方法也可分別作用該原圖的RGB「色版」上。首先點選紅色色版，啓動濾鏡；再來是稍改一下設定，作用於綠色色版。最後，翻轉藍色色版，啓動濾鏡運算後，再翻轉回來。如此會有嶄新的視覺效果。

選項設定 筆劃大小 1
筆刷細部 1
紋理 1

X RES

Photoshop

Illustrator

PhotoDeluxe

Painter

Art Dabbler

ColorIt

CorelDRAW

CorelPAINT

LivePIX

其它外掛濾鏡程式

下面幾頁中示範了一些數位繪畫可能用到的濾鏡。有些濾鏡對我們而言會顯得太怪異，太誇張，並不實用。但是記住這些濾鏡的效果，有助於我們在處理畫面中的小範圍時，可以參考選用。這種選則性的使用濾鏡的方式，能充份發揮濾鏡的特殊工能，卻不致流於匠氣。接下來不妨試一試這些濾鏡的效果。

Adobe
Poster Edges
海報邊緣濾鏡

Adobe
Crosshatch
交叉底紋濾鏡

Adobe
Cut Out
挖剪圖畫濾鏡

Adobe
Spatter
潑濺濾鏡

Adobe
Ink Outlines
油墨外框濾鏡

Adobe
Crystallize
結晶化濾鏡

Adobe
Color Halftone
彩色網屏濾鏡

★有些濾鏡可以製作出多樣的紋理底紙，再被轉置入作為原畫的底紋。增加雜訊、模糊、壓皺等濾鏡會有這些功能。

★若是要把一些圖像組合在一起共同列印輸出，為了視覺統一效果，我們可以使用「光源效果濾鏡」的平行光源設定來達到此目的。

★遮色片的硬邊效應，會使那些色彩與色調平順漸變之處，產生怪異的感覺。使用遮色片技法工作後，可以啓動柔化的濾鏡改善此缺陷。

★在同一個選取區域內使用各種濾鏡，它們的效果會互相加成。這些互相影響的效果，會造就許多不可思議的最終結果。

★在整體畫面中的某些選取區域內，施於不同的底紋效果，會使整個作品的層次更細膩更豐富。

★最後的作品可以用「遮色片銳利化濾鏡」運算，以增加因繪畫過程中損失的細節，強化清晰度與層次，改善整體效果。

Adobe
Pointillize
點狀化濾鏡

Adobe
Mezzotint
網線銅版濾鏡

Adobe
Stamp
印章效果濾鏡

Adobe
Photocopy
拓印濾鏡

Adobe
Find Edges
找尋邊緣濾鏡

Adobe
Solarize
曝光過度濾鏡

Adobe
Texturizer
紋理化濾鏡

Adobe
Tiles
錯位分割濾鏡

Xenofex
Crumple
壓皺濾鏡

Adobe
Patchwork
拼貼濾鏡

Eye Candy
Antimatter
反物質濾鏡

Adobe
Trace Contour
找尋邊緣濾鏡

Eye Candy
Jiggle
搖動濾鏡

Eye Candy
Fur
毛絨濾鏡

Eye Candy
Swirl
扭轉濾鏡

Eye Candy
Squint
偏斜濾鏡

Eye Candy
Water Drops
水滴濾鏡

Kai Power Tools 3
Smudge
塗抹濾鏡

Kai Power Tools 3
Glass Lens
玻璃鏡頭濾鏡

Kai Power Tools 5
Frax Flame
火焰濾鏡

Inklination Pen
and Ink
Crosshatching
交叉筆觸濾鏡

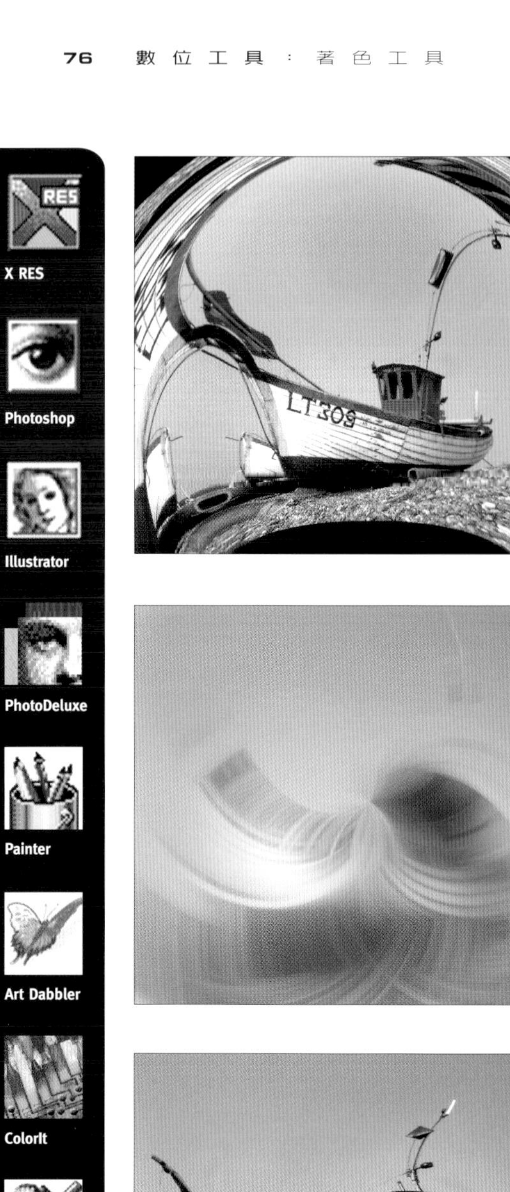

Kai Power Tools 5
Radwarp
極度彎曲濾鏡

Adobe
Reticulation
網狀效果濾鏡

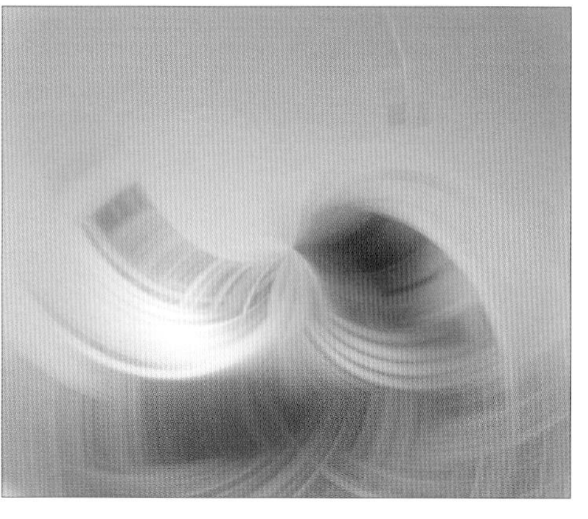

Kai Power Tools 5
Blurrr
模糊曲濾鏡

Adobe
Plaster
石膏效果濾鏡

Kai Power Tools 3
Twirl
旋轉濾鏡

Adobe
Note Paper
紙張效果濾鏡

Adobe
Cont Crayon
法式粉蠟筆濾鏡

Adobe
Emboss
浮雕濾鏡

完成圖的最後修飾

在數位作品完成後，作者可以用人工方法，來模擬眞實世界中，環境對繪畫的影響。所謂的影響可能是作品表面的老化、染污、刮痕等現象。表面老化的效果可以用下面的方法製作：在Photoshop中使用「色相／彩度」調整指令，來稍微降低整體畫面的彩度。或是使用濾鏡在油畫表面上，來製作刮痕；也可以退化畫面四邊框的色澤。以下就介紹這些技法。

柔化邊框

幾乎所有的軟體所繪製的完成品，都具有生硬的四邊框。而傳統的水彩畫家，都喜歡留下空白的邊框，為的就是避免上述的缺點。現在有一些濾鏡程式，可以幫助我們製作無硬邊框的效果。此處所用的濾鏡軟體是Extensis Photoframe，它模仿畫家用寬闊的白色柔軟筆刷，來刷出無定形的留白框邊，頗具浪漫的美感。

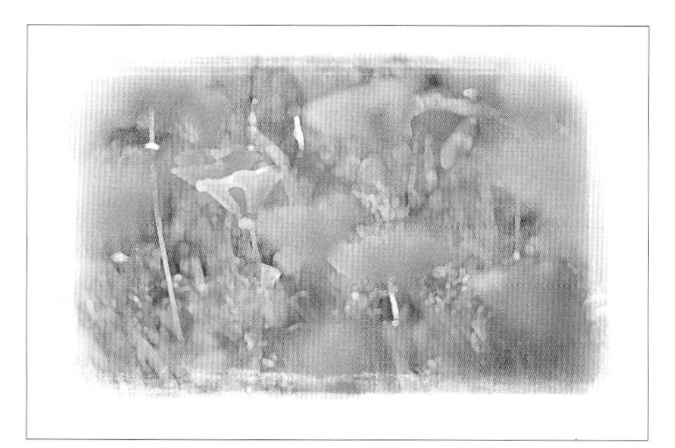

Extensis Photoframe 提供使用者選擇各種設定，如邊框寬度、角度、模糊度、不透明度等選項。三組預設邊框，可以分別在Photoshop中靈活地應用於所有格式的圖像上。預設邊框都是灰階圖檔。也可以自製邊框另行存檔備用。

此圖是分別使用Photoframe中的水彩邊框與畫布邊框。不透明度設為100%，水彩邊框已模糊化，更加柔化邊界。

龜裂紋理

油畫歷經長時間的保存，經過自然環境的濕氣、氧化、冷熱與縮脹，會使油畫表面產生變化，「龜裂現象」就是其中一種。有些軟體能夠惟妙惟肖地模擬這種效果。

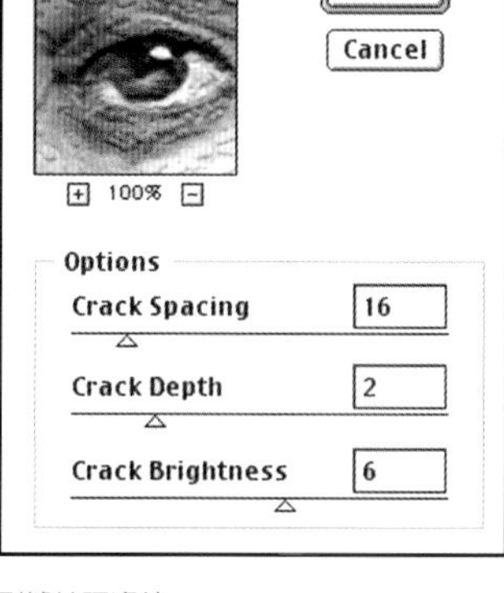

裂縫紋理濾鏡
使用介面／設定

Adobe的「裂縫紋理濾鏡」能繪製老舊油畫的龜裂現象。它的選項設定有裂縫間距、裂縫深度與裂縫亮度。

X RES

Photoshop

Illustrator

PhotoDeluxe

Painter

Art Dabbler

ColorIt

CorelDRAW

CorelPAINT

LivePIX

混合媒材—多種外掛模組程式

數位繪畫最有利的地方之一，就是可以在同一畫面上，同時混用不同性質的媒材來作畫，這就是所謂的「混合媒材」。這種情形在眞實的繪畫技法中是比較難做到的；因爲並非所有的顏料都能混合使用。例如油畫與水彩顏料就不能混用。但是在數位世界中，這種情形是可行的。藉由圖層的方式，不同媒材的圖層可以依其需要，而改變透明度等條件，再互相疊在一起。例如經過透明度調整後的厚重油畫圖層，可以與細鉛筆畫的圖層相疊合，尙能讓鉛筆線條浮現出來。

這些偶然效果是無窮盡的。嘗試是找出它們最好的方法。所以請各位多嘗試，也許能找到不可思議的結果。

技法

以下是此單元所示範的混合媒材作品與技法。所有作品都是使用濾鏡完成，最後再以各種混合方式，將某一個選取區域，或每個圖層疊合而成。

1 此張影像已經過濾鏡處理過，並當作未來繪畫過程進行的底圖。建築物的形態、色調已簡潔化，所以輪廓線與陰影的對比顯得很強烈。

2 以Adobe的「挖剪圖畫濾鏡」運算，將原圖的影像簡化，色彩層次減弱，形成多個簡單色面。此效果與畫家「馬蒂斯 Matissse」的晚期風格很類似。

3 在圖2的拷貝圖像上，使用鋼筆與墨水的交叉筆觸濾鏡運算。形成黑白分明的線條影像。

4 最後在Photoshop中將〔圖2〕與〔圖3〕使用「色彩增殖模式」疊合。並調整〔圖2〕的不透明度至最理想處。使鋼筆的交叉筆觸，與多色面的建築物互相彰顯，形成類似膠彩畫的效果。

要·領·提·示

★混合媒材的技法中最常用的一招，是用一幅已經過濾鏡處理過的圖像當成底圖，然後再在其上做適當的濾鏡效果運算。

1 此系列貓的畫像，是在示範如何在一個畫面中，製造出一視線的焦點，以吸引觀者的注意。

2 使用Xaos Tool的Paint Alchemy軟彩色鉛筆濾鏡，形成柔化筆觸的彩色鉛筆畫面。

3 接著使用Adobe的「塗抹繪畫濾鏡」，筆刷大小設定為較大值。讓圖像更具有彩繪的感覺。色彩層次也較豐富。

4 在Photoshop中使用遮色片技法，把貓置入〔圖2〕的彩色鉛筆畫面中。再使用同法把原圖中貓的頭部，與部份綠葉置入此圖面中，經過整理與修飾後，貓的頭部就成了視線的焦點。

組合兩種畫法

此幅燈塔圖其實是由同一個影像的兩個圖層組合而成。每一個圖層分別先使用不同的繪畫濾鏡運算後，再在Photoshop中組合，形成一個具兩個圖層的文件。點選上圖層設定為「色彩增殖模式」，用以增加下面圖層的圖像之色調，也加深了全體的亮度。重新設定上層的透明度，讓下層更為顯現。

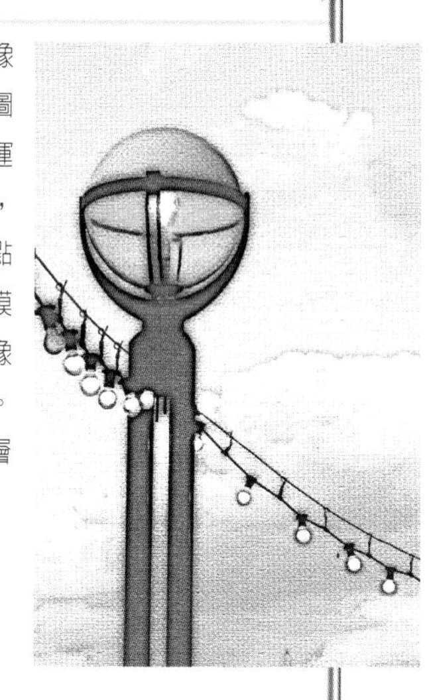

此圖是以三個同樣圖像的圖層組合而成，但是分別使用不同的繪畫濾鏡。右圖是用Adobe的「網屏圖樣濾鏡」造成印刷半色調網陽片效果。第二圖層使用油畫筆觸濾鏡，第三圖層則是使用粒狀紋理濾鏡。最後在Photoshop中再組合完成。

三個圖層是在Photoshop中，應用圖層遮色片技法組合完成。以半色調網陽片效果層（黑白）當背景，然後將粒狀紋理效果層（水壺）擦拭出，最後再擦出油畫筆觸效果層（水果）。

數位木刻

木刻藝術與其他的浮雕藝術由來久遠。現在，數位畫家只要輕按幾個鍵，瞬間就可完成昔日費時且費力的艱辛工作。只要藉由一些簡單的指令，數位繪畫者就可以製作出絕倫的佳作，讓他有非常充裕的時間與精力，去嘗試其他不同的木刻技法。木刻技法非常多，例如陰刻法、陽刻法、線刻法與剔刻法等。但是在數位環境中，這些效果只要一些簡單的選項設定改變就可達成。

此單元的作品是應用Photoshop軟體繪製。但是其他類似的繪圖軟體也有同樣效果，只要它可以執行Photoshop的濾鏡程式。常用的木刻濾鏡有Photoshop的「色彩快調濾鏡」，它可以暗灰化圖像中的陰影部位，而強化諸顏色的交接處，並加強該交接處的亮位，尤其是強光之處。

1 首先準備一張已經裁切，並色彩修正過的黃花照片（參閱第29頁 準備掃描圖片）。在Photoshop中顯示圖層浮動視窗，拖拉背景層至「複製」的小圖像上，產生一個「背景拷貝層」。此時「背景拷貝層」在「背景層」上。

2 啟動「色彩快調濾鏡」（濾鏡…其他…色彩快調）設定值為10。產生類似浮雕效應，但仍然保留少許色調。

要・領・指・示

★在Photoshop中顯示圖層浮動視窗，並試用各種混合模式，與不透明度設定。滑動移動桿，可無段式地改變畫面的呈現效果。如此試驗直到出現滿意的結果為止。

3 提高亮度對比值，以突顯花、葉的細節。去除色彩飽和度，並執行「色調分離」（影像…調整…色調分離）設定值為2。製作木刻效果。

4 回到「圖層浮動視窗」，黑白的「背景拷貝層」在上，彩色的「背景層」在下。設定混合模式為「色彩增殖」，將上層的黑色調加入背景層。

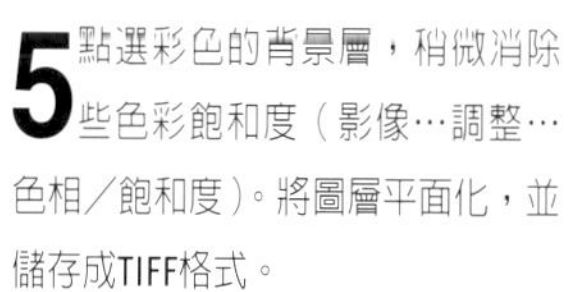

5 點選彩色的背景層，稍微消除些色彩飽和度（影像…調整…色相／飽和度）。將圖層平面化，並儲存成TIFF格式。

快速滿意的成果

此幅玫瑰花的木刻，在相當短的工作時程內就可完成。若是以傳統技法刻製，則要花費許多時日。數位畫家在此過程中，卻也經歷了許多試驗與探險的樂趣。

進階技法

Photoshop

Xaos

遮色片的戲劇性效果

仲夏午後陽光普照下的教堂庭院，一片祥和安靜。氣氛驟然戲劇性地轉為詭異，只因為藍天被夜晚的雷雨天所替換了，但是庭院卻是風和日麗。繪製此圖的靈感來自超現實派畫家Rene Magritte的作品。

練習目標

換置不同背景，改變原貌氣氛，創造戲劇性的詭異畫面。

教學重點

1. 會改變「版面尺寸」。
2. 會選取天空範圍。
3. 會使用替換功能，製作特殊效果。

2 使用在在Photoshop中使用快速遮色片模式，來選取天空部位。遮色片本身只有黑與白，白色部位代表空白，可以在其內繪畫；黑色部份代表遮蓋處，不能作進一步處理。

1 在Photoshop中改變版面大小（指令欄…影像…版面尺寸），預留天空繪製空間。設定對話框如右圖所示，下邊框不移，上框隨高度增至150%，成一長條狀畫面。

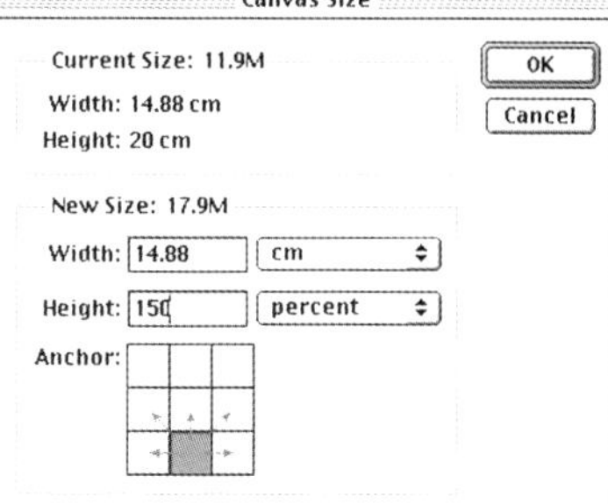

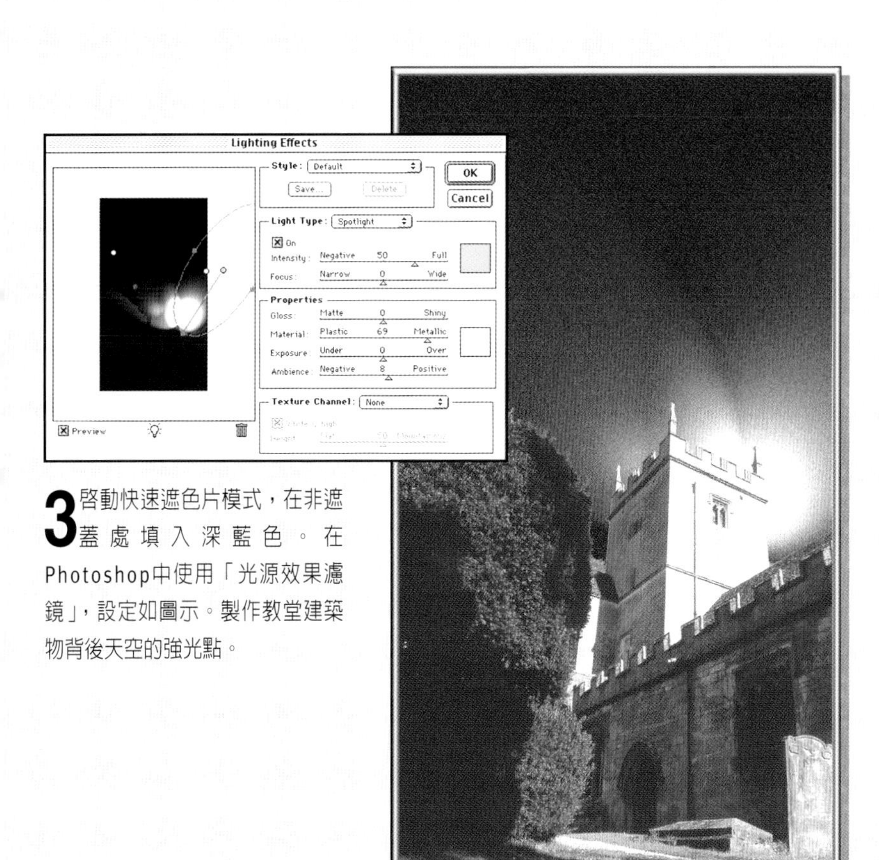

3 啓動快速遮色片模式，在非遮蓋處填入深藍色。在Photoshop中使用「光源效果濾鏡」，設定如圖示。製作教堂建築物背後天空的強光點。

啓動「增加雜訊濾鏡」，添增天空的微點紋理。

天空的聚光束分別以不同的顏色，發自不同的方向。造成類似極光的感覺。

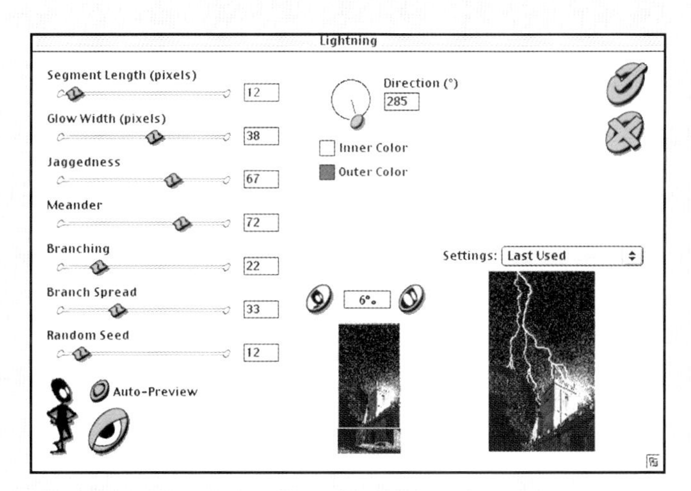

4 天空的閃光是使用Xenofex的閃光濾鏡製作。如上圖示，試作各種不同選項的設定，直到滿意為止。

5 複製圖4，並啓動Adobe的「著底色濾鏡」，增加繪畫性氣氛。複製另一圖4，啓動Xaos Tools的Alchemy油彩畫布紋理濾鏡，進一步增強油畫特性。兩個濾鏡都可嘗試不同的設定值。在Photoshop中，再用移動工具，把兩個複製圖拖曳到圖4上。此時形成如右上示圖的圖層結構。原「圖4」為背景層，其上為「著底色效果」層，最上為「油畫效果」層。

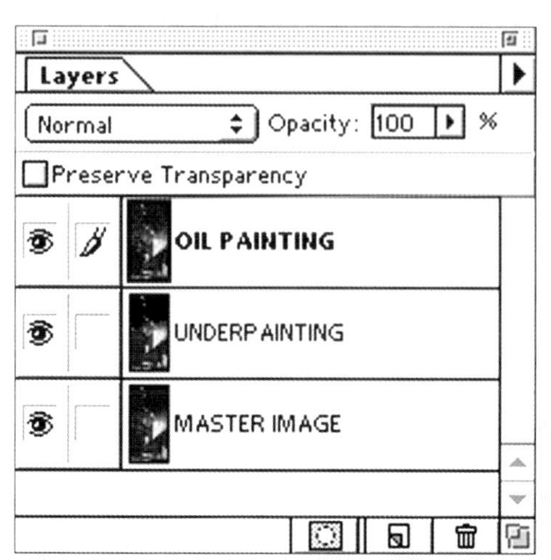

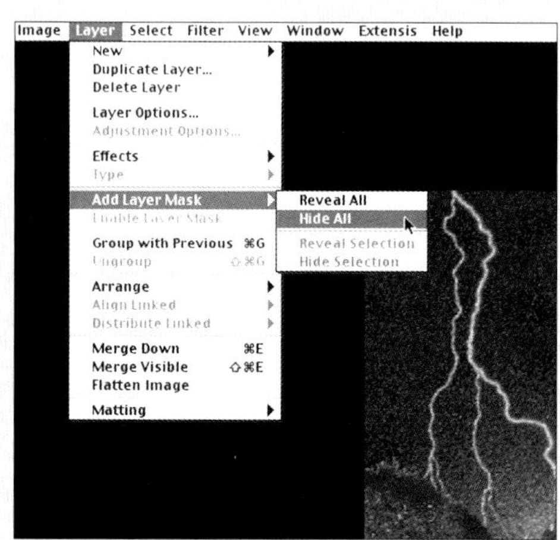

1 圖層遮色片的產生，其指令如下：圖層…增加圖層遮色片…全部顯現／全部隱藏。圖層遮色片的作用，是在界定上圖層的選取區，作用於下圖層的範圍。

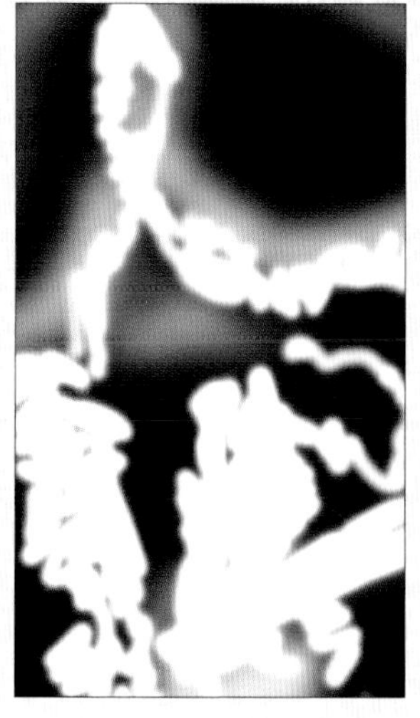

2 此圖顯示遮色片的作用。白色部位代表空白處，灰色地帶是略空白處，黑色部位是完全遮蓋處。

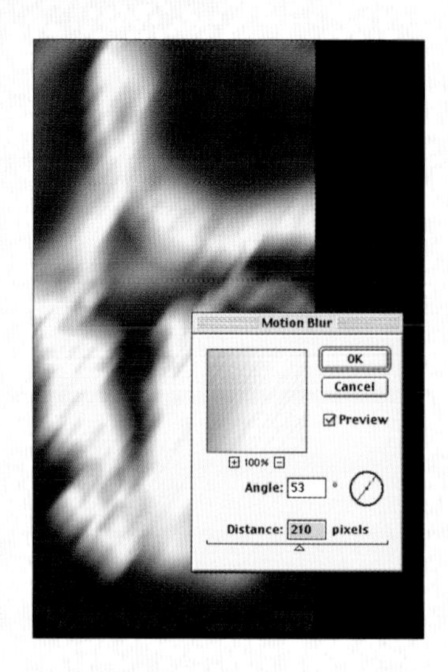

3 啓動「動態模糊濾鏡」來模糊影像。模糊的範圍是由上層的「油畫效果」層，作用至「著底色效果」層。

最後完成圖

圖右上角暴風雨天空的深藍色調，與教堂庭院陽光普照的草地，形成一種超現實的詭異氣氛。

使用小筆刷、噴筆、塗抹工具等來整理細節部位。

使用加光與減光工具，來整理閃電的亮位與暗位。

使用「遮色片銳利化調整濾鏡」，來適度地提升對比與細節部位。

Painter

Photoshop
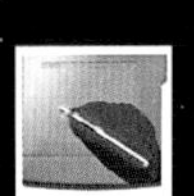
Plug-ins
Drawing Tablet

蒙太奇影像合成

所謂蒙太奇影像合成技法，就是把許多獨立影像，依據作者的構想，將它們合理地組合在一起。在此單元裡我們用三張在同樣一個環境裡所拍攝的人像，組合成一圖像。因為拍攝時的環境相同，所以人物的服裝、姿式都很類似，很適合此技法。但是來源不同的影像也可組合在一起。

練習目標

用蒙太奇影像合成技法組合成一作品。

教學重點

1. 會拖放圖層。
2. 會使用繪圖軟體來統合影像。

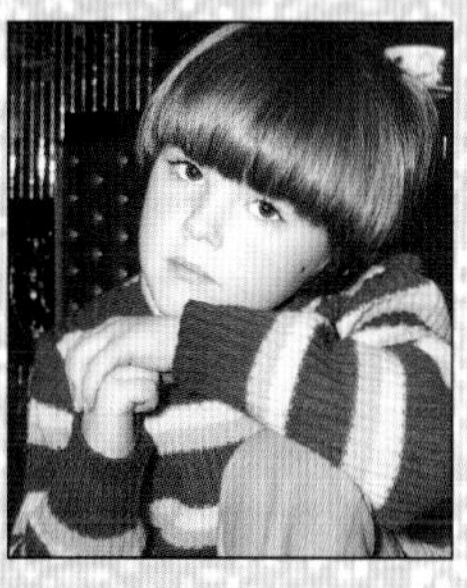

1 新開啓一新文件，依所需的條件設定影像尺寸，與影像解析度。使用移動工具，拖放第一圖至新文件上，形成最下圖層。使用「任意變形」指令，來調整圖層至滿意的位置與大小。應用相同的方法，拖放其他兩圖於同一新文件的上、中兩圖層。再用大橡皮擦工具，大略擦掉背景部份。一旦構圖與背景處理妥當後，就將圖層平面化，準備作為進一步作業的底圖。

2 在MetaCreations Painter軟體中開啓第1階段的圖檔，並複製一新圖層充當描圖底稿。使用描圖紙與炭筆功能，來描繪人像。描繪完成後，存成Photoshop檔案格式待用。

3 在Photoshop中開啓上述的素描圖，準備在臉部加入細節。使用橡皮章工具，將第1階段的臉部，轉印至此階段的素描圖上。並在其上用低不透明度的筆刷來塗繪。眼睛與臉部的五官，也用同樣的方法精細描繪出。最後用細筆刷設定的加光與減光工具，來整理亮部位與暗部位。

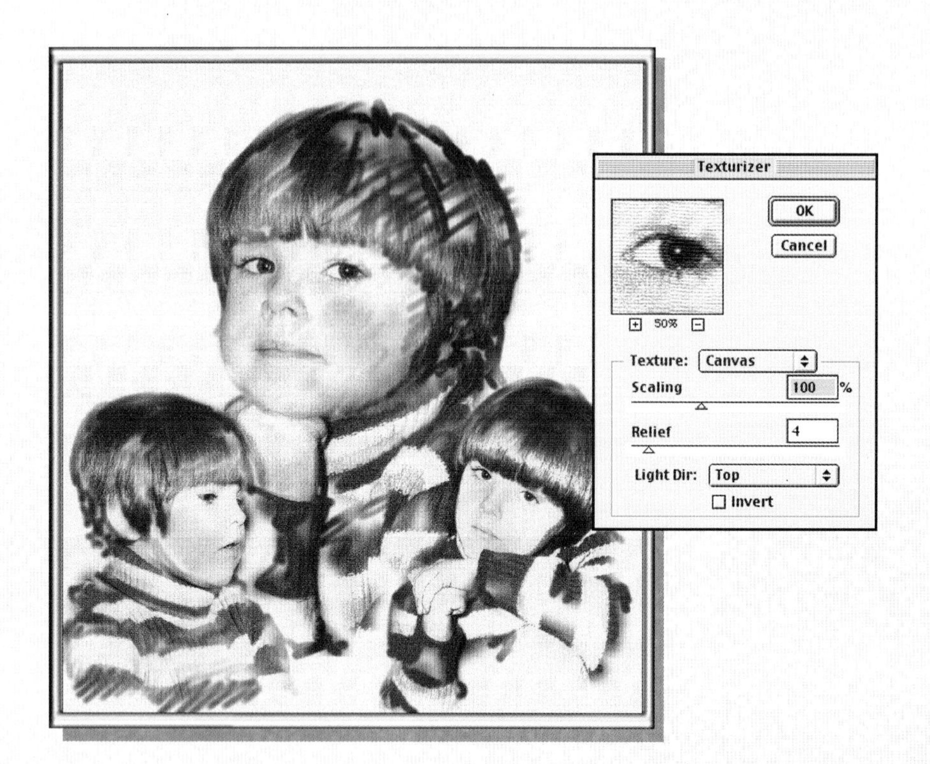

4 選擇一淡土黃色當前景色。我們計劃製作一個中明度階的土黃色底紙，來襯托人像。此底紙可以啓動Photoshop的「紋理化濾鏡」，調整各種選項設定值來繪製。

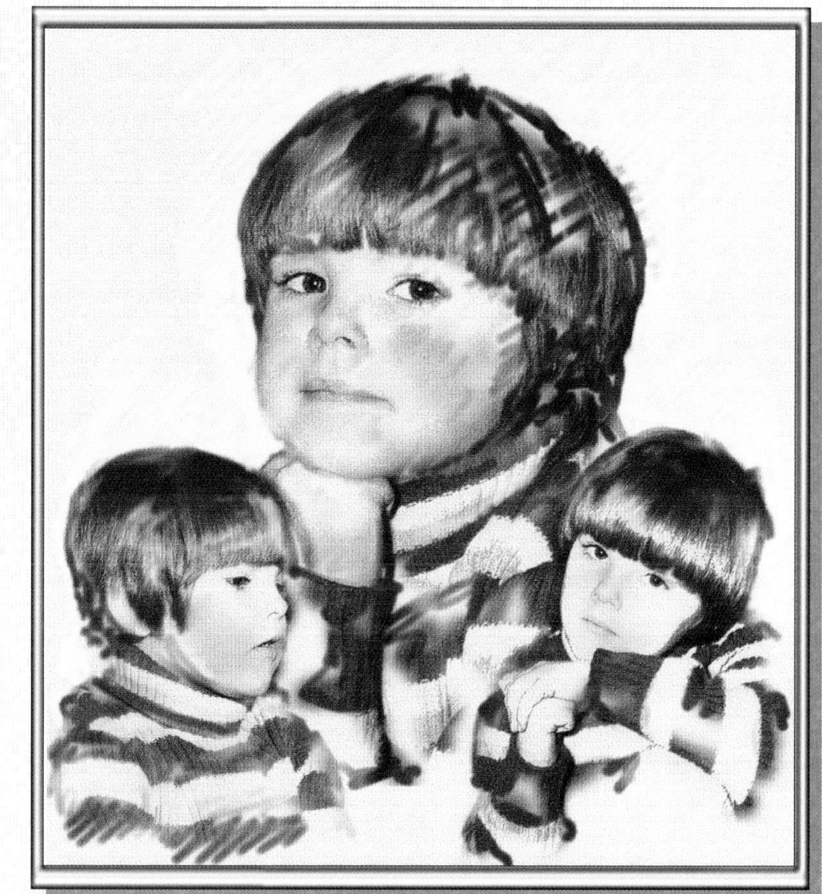

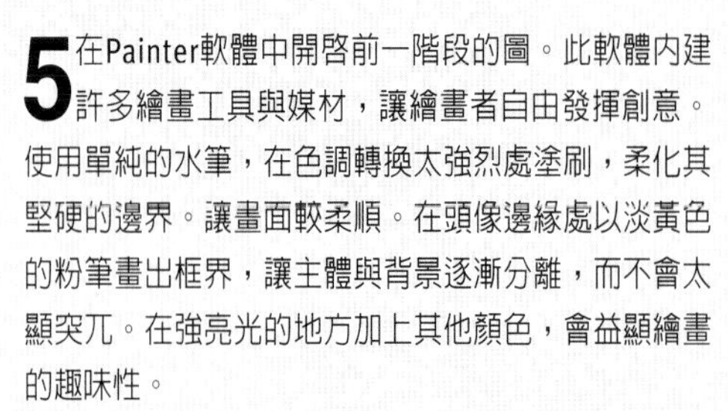

5 在Painter軟體中開啓前一階段的圖。此軟體內建許多繪畫工具與媒材，讓繪畫者自由發揮創意。使用單純的水筆，在色調轉換太強烈處塗刷，柔化其堅硬的邊界。讓畫面較柔順。在頭像邊緣處以淡黃色的粉筆畫出框界，讓主體與背景逐漸分離，而不會太顯突兀。在強亮光的地方加上其他顏色，會益顯繪畫的趣味性。

蒙太奇人像完成圖

眼睛與臉部的五官，是用橡皮章工具，將原圖的臉部細節，轉印至此素描圖上。此技法在這裡充份地表現無遺。

Painter的粉筆筆觸，會反應出底紙的紋理。若感壓筆壓力設定值低，則筆觸的飛白多，底紙紋路容易透露。

使用Photoshop的加光工具，在低設定值的條件下，來增加臉部的強光點與其他較亮的部位。益增臉部的立體感。

使用Photoshop的「紋理化濾鏡」來有效地模擬水彩紙的紋理特質。最後的完成圖是用桌上型的噴墨印表機，以125基重（gsm）的水彩紙，在解析1440dpi的條件下列印輸出。

Painter

Photoshop

Adobe Paint Daubs

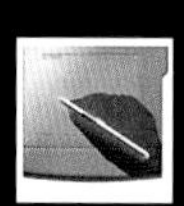
Drawing Tablet

形色與外廓線的組合

此單元的繪畫風格的靈感，基本上是源自Pierre-Auguste Renoir的人物作品。此幅路邊咖啡座的原圖是一張彩色照片，經掃描後裁切成適當的大小。這個技法的重點，是將已經過繪畫處理過的畫面，與原底圖的影像組合，並加以創意性的修飾與整理。

練習目標

仿效Renoir的人物像風格，繪製一幅繪畫韻味十足的街景。

教學重點

1. 會使用Paimter軟體的仿製功能與虛擬描圖紙。
2. 會使用繪圖軟體來素描與遮蓋色面。
3. 會使用Photoshop軟體的混合模式來增加細節。

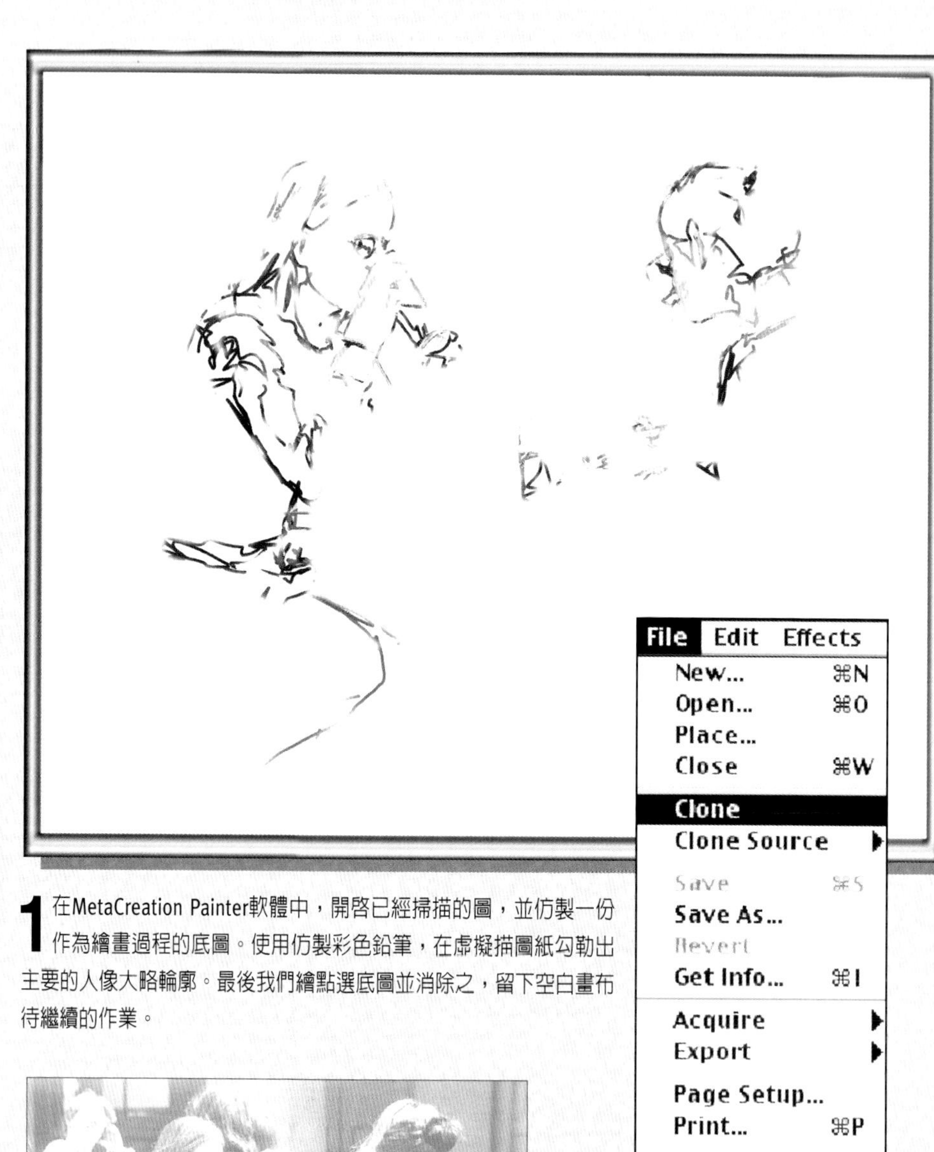

1 在MetaCreation Painter軟體中，開啓已經掃描的圖，並仿製一份作為繪畫過程的底圖。使用仿製彩色鉛筆，在虛擬描圖紙勾勒出主要的人像大略輪廓。最後我們繪點選底圖並消除之，留下空白畫布待繼續的作業。

2 素描勾勒動作繼續進行，不時地開閉虛擬描圖紙模式，以對照檢視素描結果並作線條之增減，直到滿意為止。

3 關閉虛擬描圖紙模式，並使用油性仿製筆刷，在主要人像的素描輪廓線區內，塗刷出原圖色澤。

4 遠景保持模糊，以襯托出人物的關注焦點度，此處就是整個畫面的視覺重心。

5 素描畫大體已完成後，改用小筆刷來修飾細節部位，但仍然要注意保持整體畫面的輕鬆懶慵的氣氛。由於背景與人物之間的明暗對比太強烈，所以將背景稍為加暗，重建明度的平衡。

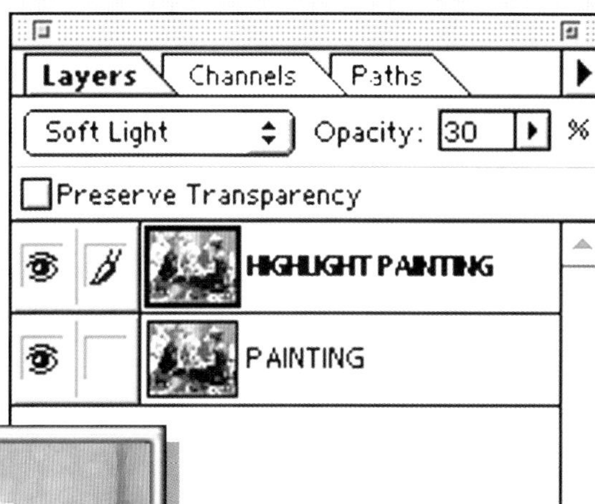

6 在Photoshop中把前一階段完成的素描畫，與原圖以圖層的方式，並採用「柔光」的混合模式統合。上面圖層的不透明度設為30%，畫面會益顯細膩柔和。

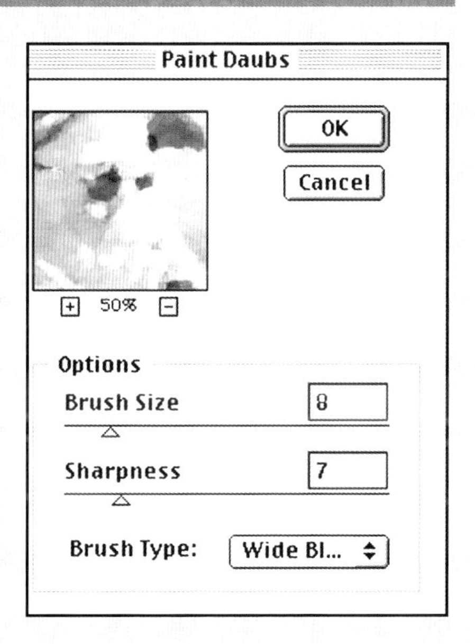

使用「塗抹繪畫濾鏡」來增強上圖層的強亮光處。造成畫面更為鬆弛、強亮光處更為擴散的結果。

咖啡座完成圖

使用Photoshop的加光工具與減光工具，來處裡此處的亮位與暗位。

使用Photoshop的「色相／飽和度」指令，來稍為減弱背景的飽和度，並提高其明度。

使用Painter軟體的扭曲筆刷，在此處輕輕塗刷，造成色彩扭曲狀，模擬油性顏料的濃稠感。

沿畫四周繪製一白色邊框。使用噴筆來柔化邊框與畫面的交接處。

三度空間立體效果

此單元的繪畫風格的靈感，基本上是源自Alfred Wallis的作品。他的作品充滿了樸拙原始的異國風味；很適合用MetaCreations Painter軟體來繪製。此幅畫大部份都是用滑鼠，直接在電腦上畫出。為畫出樸拙感覺的線條，我們換用與平常慣用相反的另一隻手來操作滑鼠。Wallis常在隨意找到的漂木頭上作畫。所以我們也仿效其精神，在粗糙的陶板上作畫。畫板不一定永遠是正正方方，嘗試其他不規則形的畫板來繪畫，也是很有趣的。

Painter

Photoshop

Paint Alchemy

Drawing Tablet

練習目標

在虛擬的粗糙陶板上，繪製一幅樸拙原始的異國風味作品。

教學重點

1. 直接使用Paimter軟體來繪畫。
2. 繪出樸拙原始的異國風格。
3. 把完成圖轉置入虛擬的粗糙陶板上。

1 在MetaCreation Painter軟體中，開啓一新空白文件。選擇2B鉛筆，用滑鼠直接畫出帆船的線稿。

2 用寬闊的油畫筆塗刷出背景。再另用一些短促且平行的筆觸，沾著不同的色澤，來整理背景。

3 船身與船帆也用同樣的方式繪出。此時不要使用太多的顏色，將調色盤設定只有幾種基本顏色就可。藉由添加黑色量，來降低其彩度。

4 彩繪部份在此階段，經由一些粗獷的線條整合在一起。Paintert中選用炭筆來重新描繪輪廓線。

某些數位板上內置按鈕，可作為重複相同動作的指令捷徑。這些按鈕有許多功能；例如，開啓舊檔、開啓新檔、儲存檔案、關閉文件等。

5 依上階段的圖像複製一份。啓動Paint Alchemy濾鏡，設定為低不透明度運算之，稍微改變一些表面質感。在 Photoshop中再複製一份上述的圖作為圖層，並啓動「粒狀紋理濾鏡」運算，形成如下圖示黑點狀樣本。最後再把它與前面的彩繪圖層組合一起。

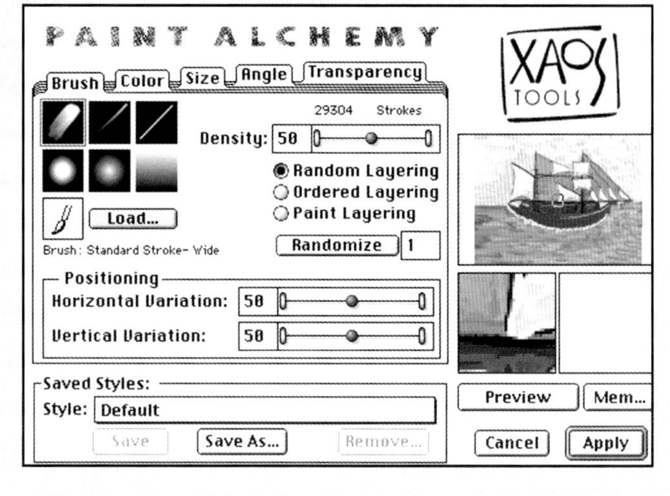

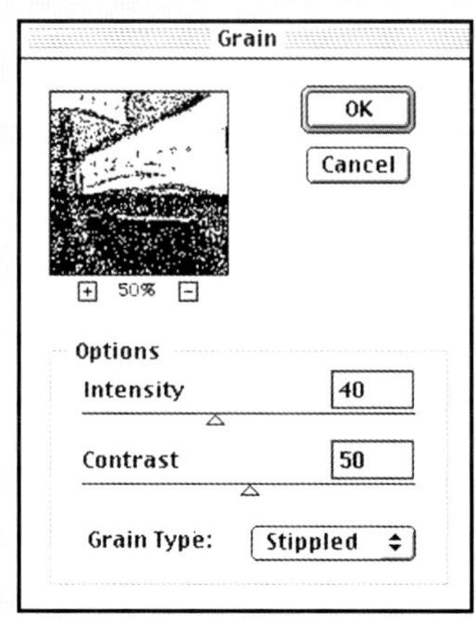

在圖上添加筆觸紋理，可豐富畫面質感，增加趣味性。也增加繪畫媒材的真實性。

6 經過圖5階段處理過的成品，其上的紋理會略嫌搶眼。為了緩和這一現象，我們拷貝一份未經紋理濾鏡處理過的原圖，與此圖組合一起，設定其不透明度為50%。

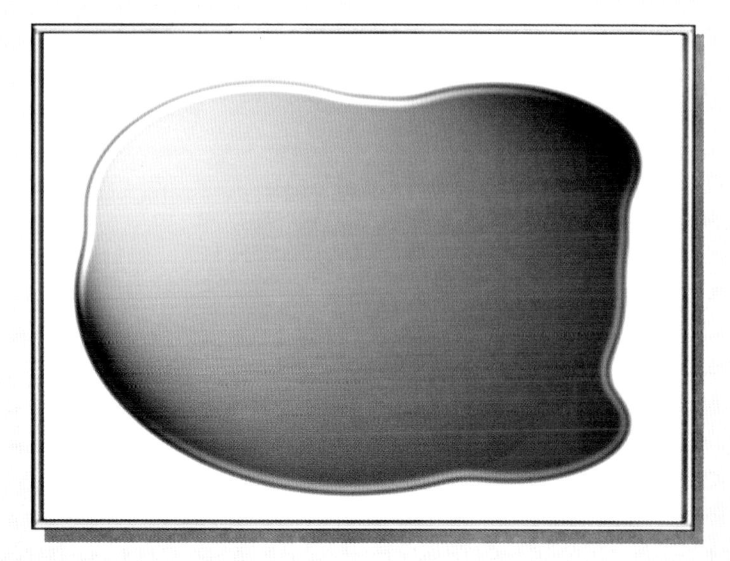

7 在Photoshop中用套索工具，繪出一隨意形並填滿黑色，作為粗糙陶板的基形。啓動「高斯模糊濾鏡」運算，並且增加黑白對比，繪製出陶板基形的厚邊。最後用「光源效果濾鏡」，設定為聚光類型，使光線自左上角投射入，以增強立體感。

1 把先前完成的彩繪圖拷貝一份，轉貼到圖7的陶板基形上，形成一圖層。並用遮色片技法，遮蓋住基形以外的影像。

2 設定適當的圖層混合模式，讓陶板的立體陰影與強光部位更具真實立體感。設定混合模式為「實光」，不透明度降低。

粗糙陶板畫完成圖

Photoshop的圖層混合模式，與不透明度，可使原為平面的彩繪，轉換為立體陶板畫。

最後我們想把陶板畫置於沙地上，其作法如下述。在Photoshop中產生新圖層，填滿黃沙顏色，啓動「增加雜訊濾鏡」，設定高總量，在新圖層中添加粗顆粒。使用套索工具圈選隨意形，並用「亮度／對比」指令稍微加暗選區。啓動「動態模糊濾鏡」設定高間距値運算。最後使用「波形效果濾鏡」來形成沙面上的波浪形狀。

在陶板與黃沙交接處，製作一點陰影，來產生更具說服力的真實立體效果。

肌理質感與光源效果

雖說數位繪畫有許多優點與方便處，但是它也潛藏了一個常被忽略的缺陷。那就是，由平塗色塊與漸層所組成的畫面，會顯得很統一但流於呆板，無衝擊力量。所以在畫中添加一些紋理質感，或光線變化，能產生更有趣味的效果。產生紋理質感的工具有很多種例如，畫布、底紙、粗糙帆布，甚至各種光源等，任數位繪畫者取用。肌理質感與光源效果，會讓你的平面化繪圖更有生命力。

練習目標

運用各種濾鏡程式，來繪製具肌理質感的人像圖。

教學重點

1. 在一張已經掃描的底圖上勾勒線稿。
2. 應用圖層模式製作色塊。
3. 應用各種圖層混合模式，來製造特效。

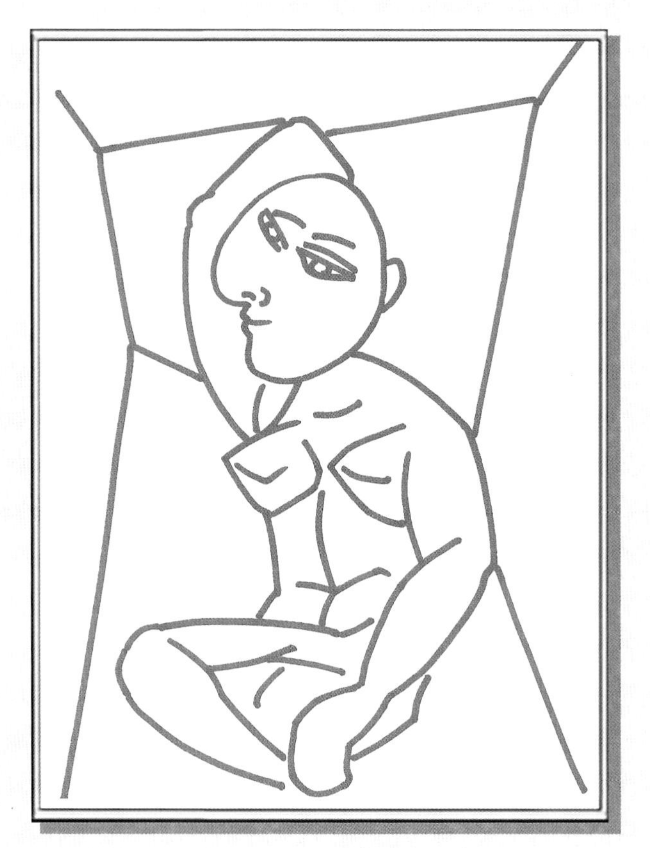

1 先在一張紙上依自己的構想，以單色線條勾畫出人形。再根據完成圖的尺寸與輸出解析度，把線稿掃描入電腦當成底圖。

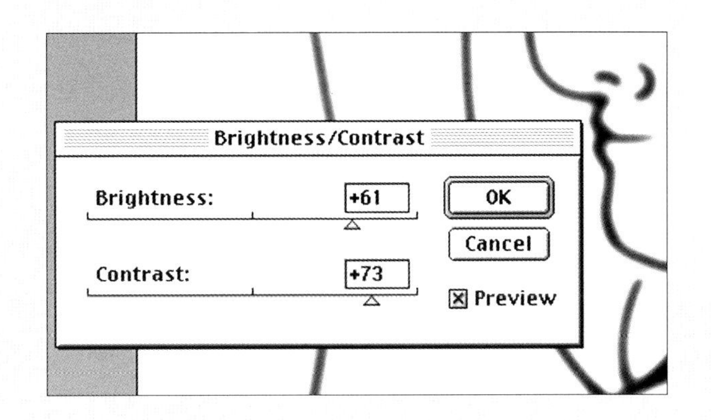

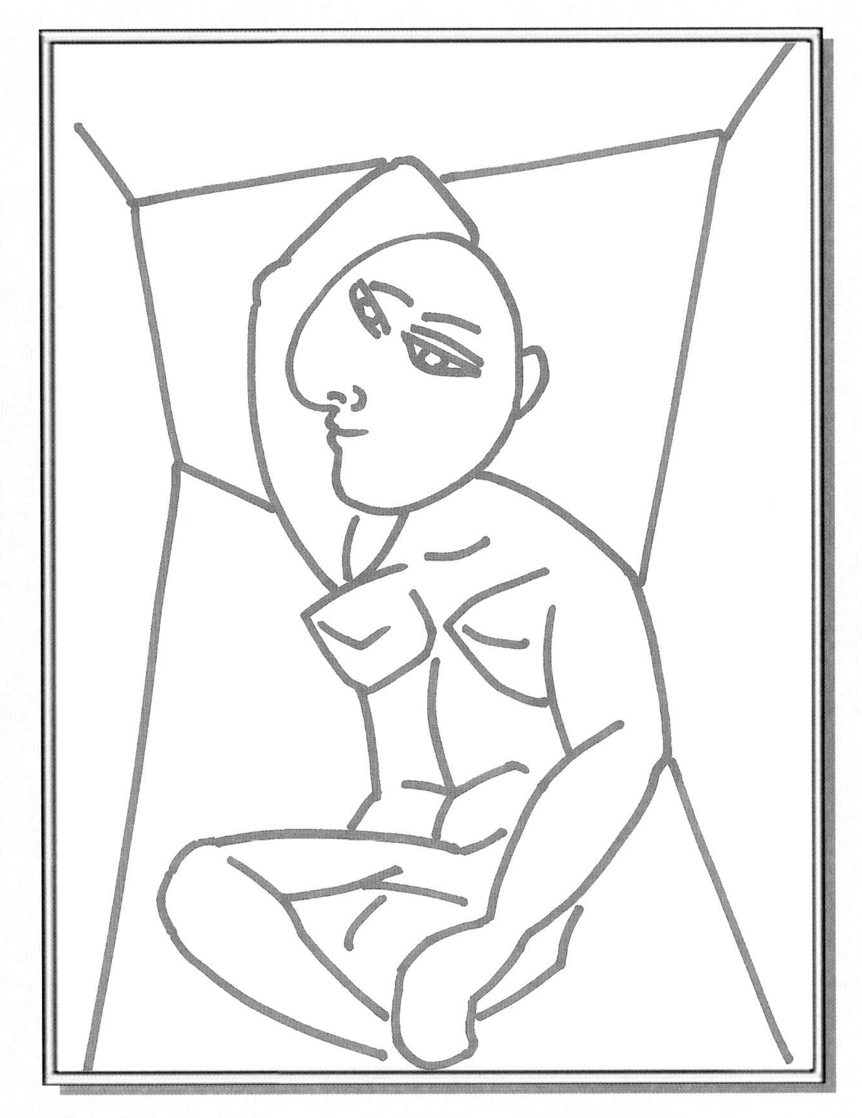

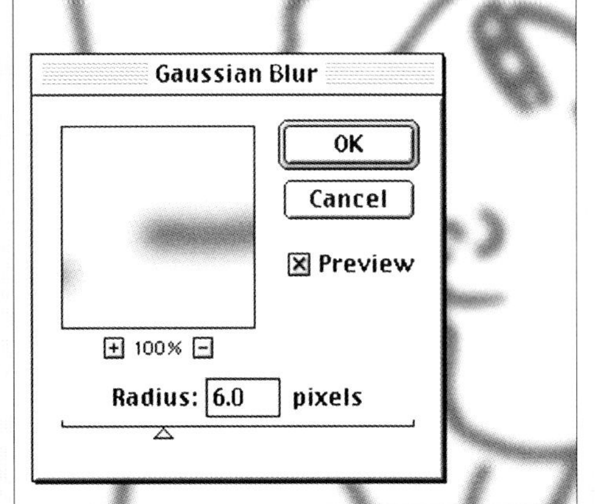

2 在Photoshop中用較粗黑的筆觸，重新勾畫底圖的線稿。開啓「高斯模糊濾鏡」，以較低的設定值運算後，線條較柔順，轉折較平滑，會更具繪畫感覺。重新提高線稿的明度與對比值；對比加大會使線條更黑化；亮度加大會使線條產生粗細不等的小變化，如此更有手繪的感覺。

3 在Photoshop中產生三個新圖層。圖層一是線稿圖。圖層二是除人像外的背景圖層。第三層是人像圖層。在人像圖層中用套索工具選取欲施色的範圍，並填滿欲設定的顏色。為了能凸顯人像，所以盡量選用單純的背景顏色。

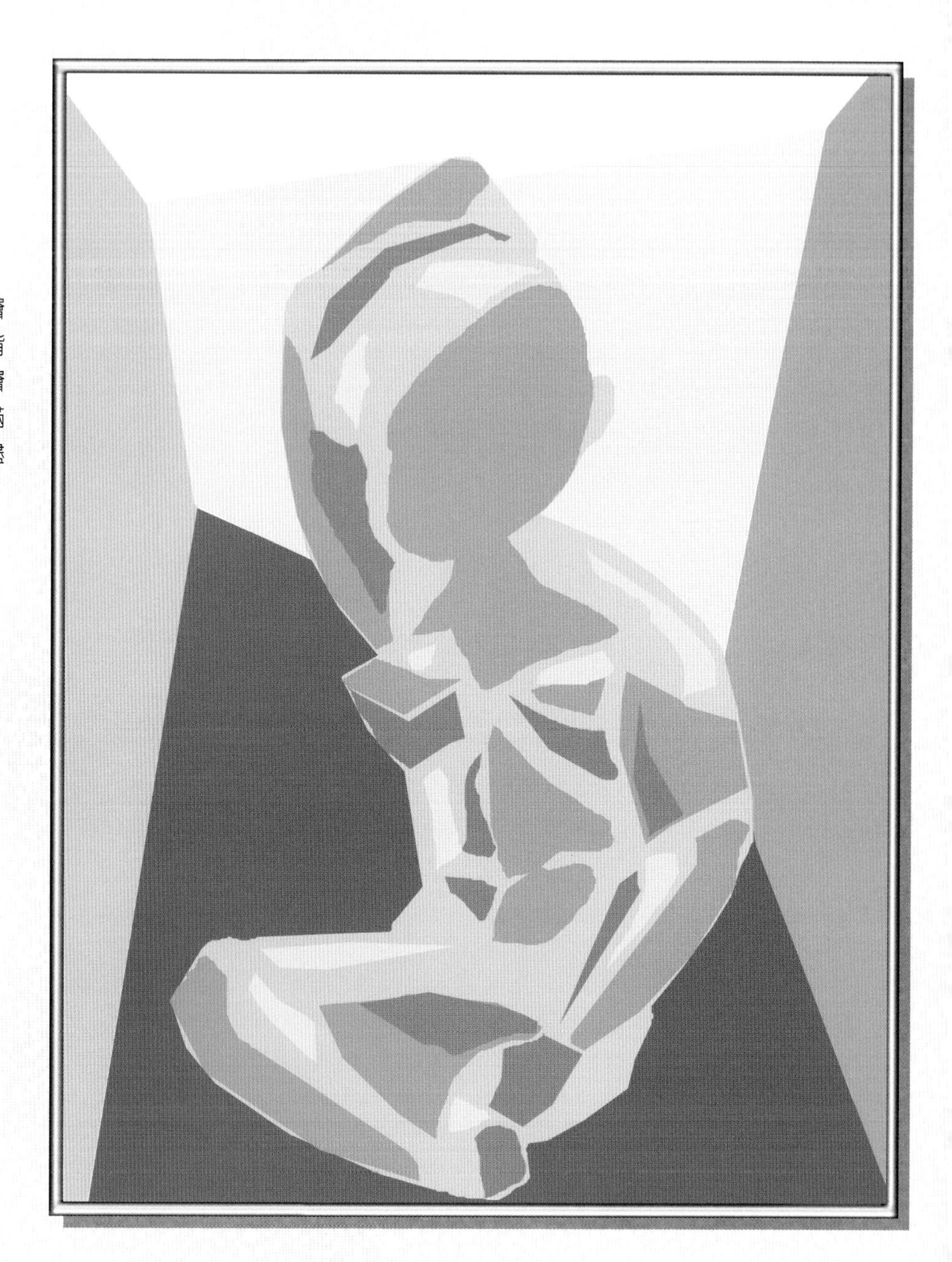

4 一旦各圖層的色面設定完成，便啓動「增加雜訊濾鏡」運算，以添增色塊的微粒質感與色澤。再使用「紋理化濾鏡」在畫面上製作畫布的肌理質感。

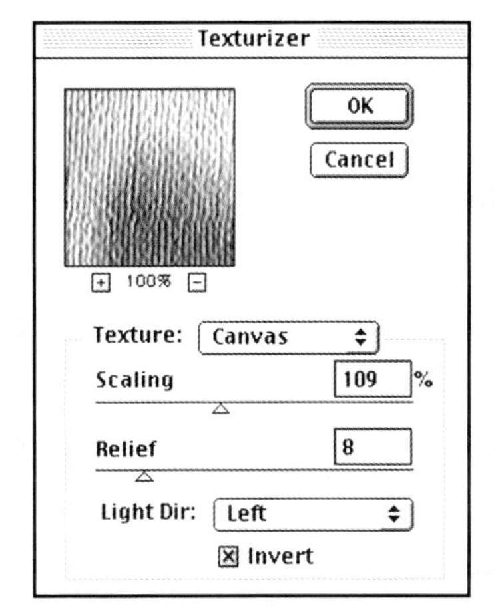

Adobe的「紋理化濾鏡」可在畫面上製作各種肌理質感。預置的紋理種類有，磚紋、粗麻布、畫布、砂岩與載入紋理（可載入已存檔的自創灰階紋理）等。

5 在人像圖層上使用相同的技法，添增不同的肌理質感與光源效果。

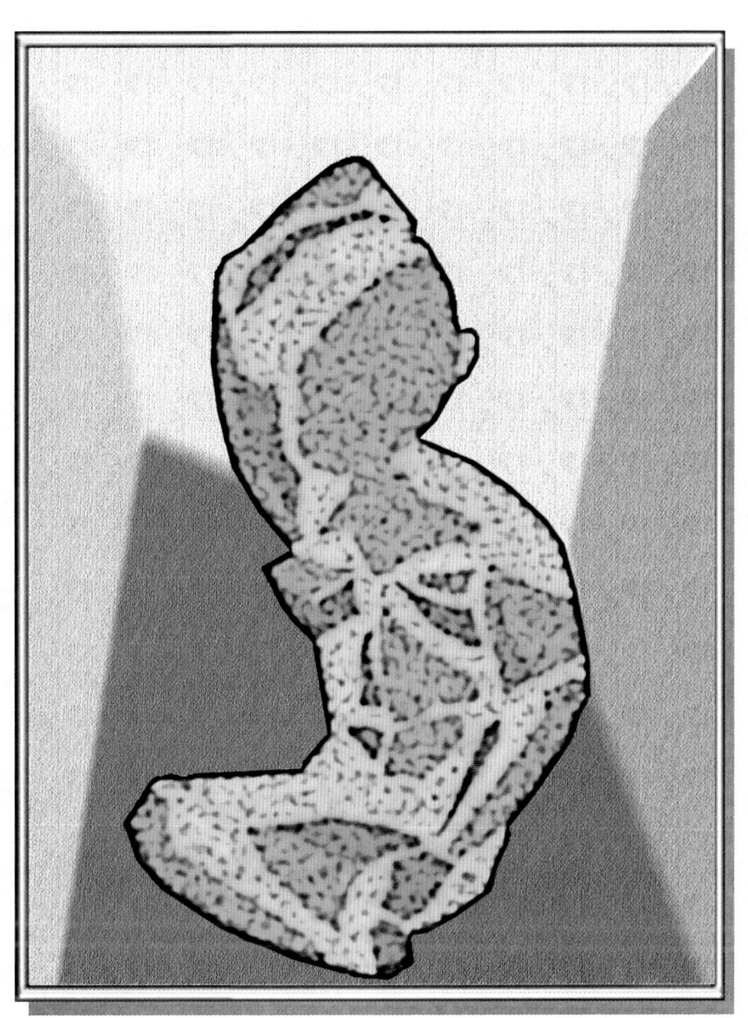

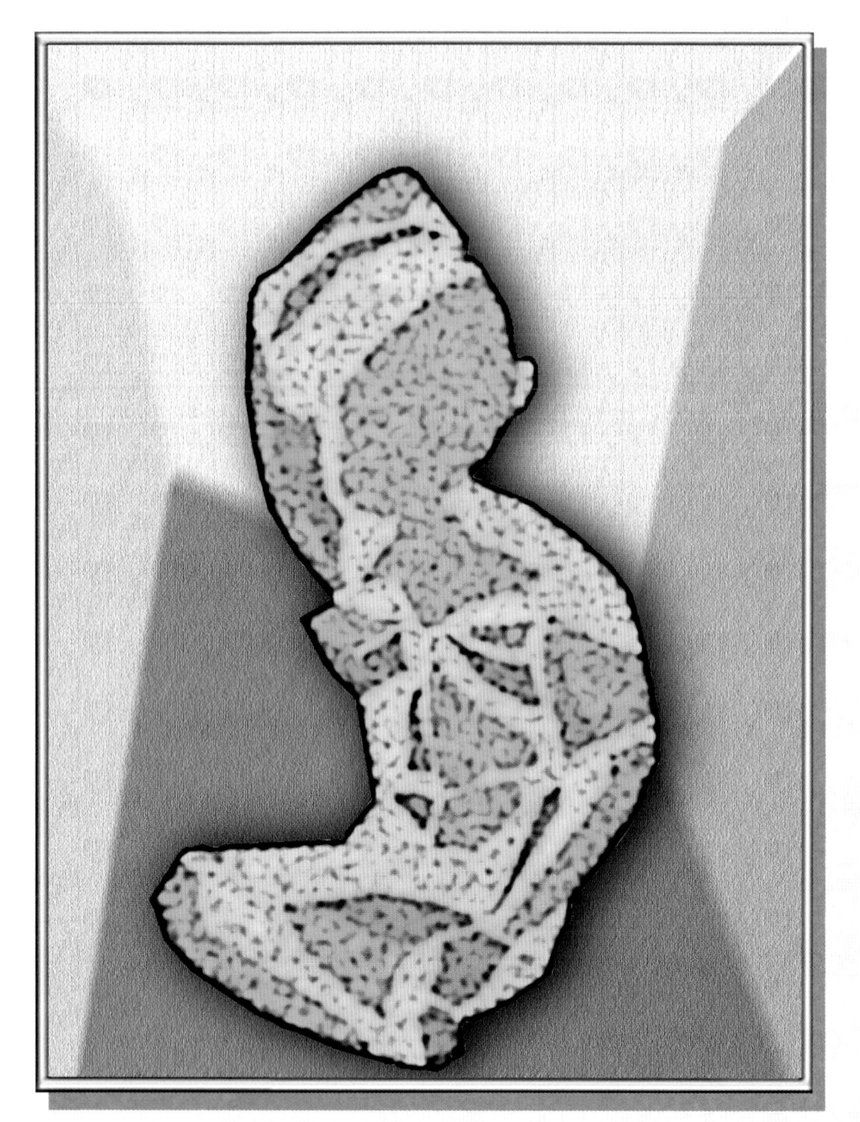

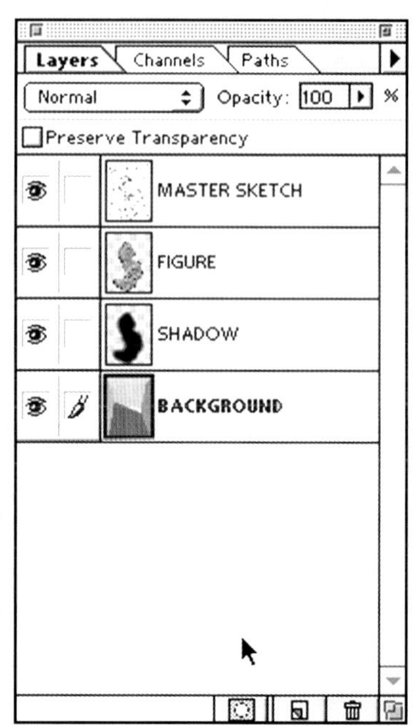

1 在人像圖層與背景圖層間產生陰影，讓人像圖層浮在背景層上。其各圖層的建立與關係如上圖示。在人形圖層中產生一新圖層，填滿黑色並用「高斯模糊濾鏡」運算，作為陰影層。往右下稍移動陰影層，造成如左圖示效果。

6 在人像圖層與背景圖層間，可以製作陰影產生空間立體感。使人像成為觀者的視線焦點。

2 將各圖層平面化後，啓動「光源效果濾鏡」設定如右圖示並運算之。在此濾鏡中也可點選其中的一個色版，來增加紋理質感。最後再回到濾鏡指令欄，執行「淡化光源效果」指令，設定適當的不透明度與模式，將肌理質感略柔和化。

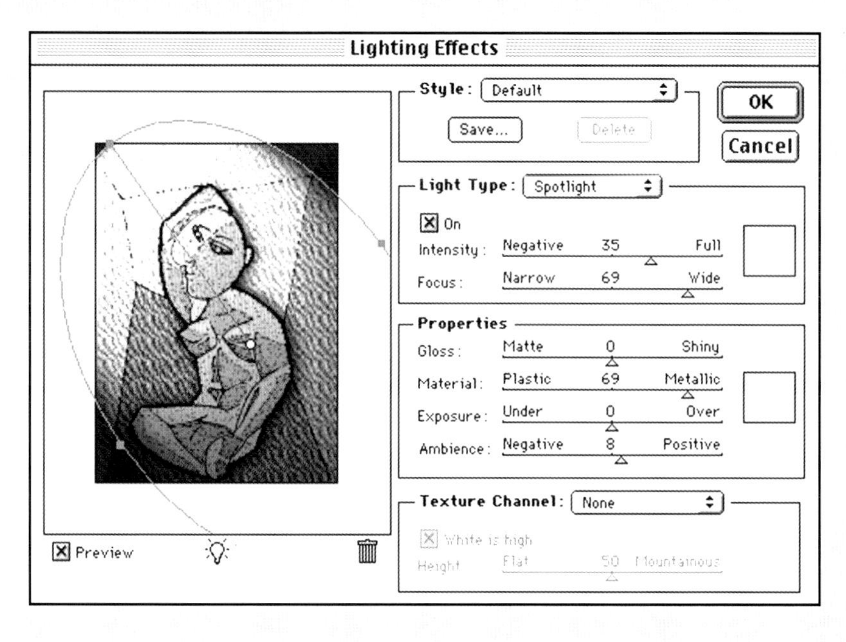

人像完成圖

應用「光源效果濾鏡」來統整人像與背景之間的關係，讓兩者間有統一感。

黑線以圖層方式置於最上層，以「色彩增殖」模式與下面諸圖層混合。如此會加暗外廓線的亮度，加大外廓線的寬度。

此幅畫的表現重點是「線」與「形」，因此一切過多的用色種類，會干擾這個重點減弱其效果。用色種類盡量以簡單為宜。

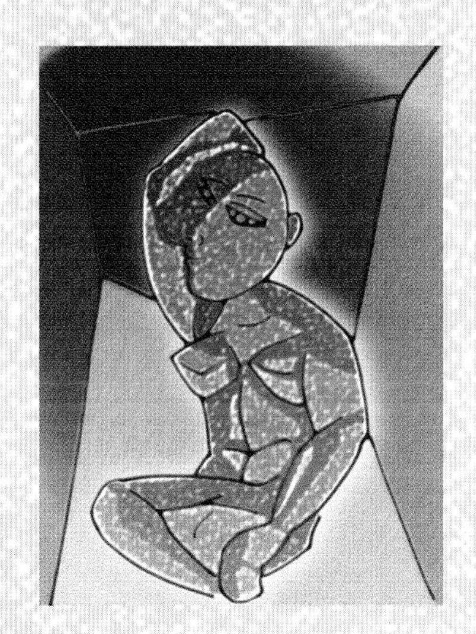

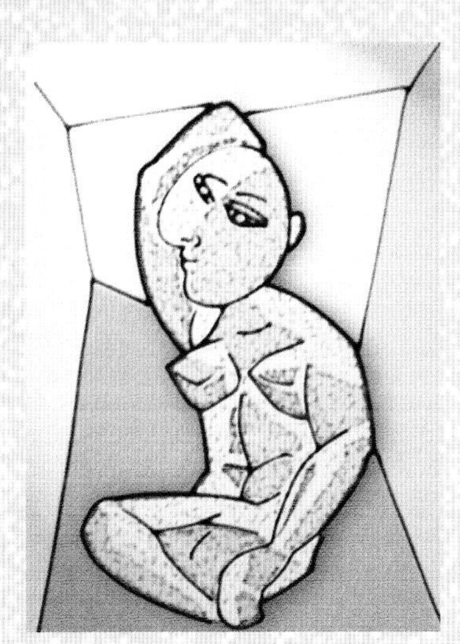

圖層混合模式

此兩圖顯示，當兩個圖層以不同的模式混合時，會有多麼不同的結果。此處示範所用的圖層是「線稿圖層」與「彩繪圖層」。

影像變形—抽像造形

這個作業基本上而言是一個試驗。用原圖的顏色、肌理等要素作為基礎，來製造變形成為抽像造形的過程。剛接觸數位繪畫的初學者，也許會認為這種變形濾鏡的技法過於怪異，且不實用。但是也確實有一些有創意的濾鏡工具，值的我們去探索。在這個練習中，我們就是要使用這類濾鏡，來重新組合與改變原圖的面貌，來創造不可思議的變形效果。

練習目標
改變原貌結構，創造變形抽像形態。

教學重點
1、會使用變形濾鏡重組造形。
2、會使用原圖作為用色與肌理的基礎。

1 首先掃描一張花朵的彩色照片，經裁切成正方形後作為原圖待用。其操作法如下：選取裁切工具，在畫面拉出裁切範圍之同時，按下Shift鍵不放，如此可保持長寬等長比例，裁取正方形範圍。

2c 選取原畫面的一半，將其色彩轉換成「負片」模式（影像…調整…負片效果，或是Command＋I鍵）。正負像轉換在傳統暗房作業中，是相當繁瑣的工作。但是利用電腦的影像處理軟體來製作，確是非常簡單，而且可以多次試驗，直到滿意為止。這對傳統繪畫者而言，是一種全新的經驗。

3 開啓Photoshop的「旋轉效果濾鏡」，設定如下。讓影像產生如圖示的旋轉變形。

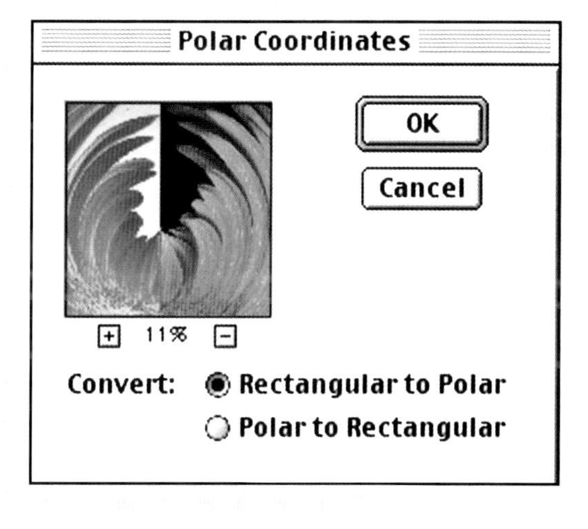

4 接著使用「扭轉效果濾鏡」運算。將影像依其中心點扭轉243度。扭轉角度越少，扭轉變形較少，會保留較多的原圖細節。扭轉角度越多，扭轉變形較劇烈，會喪失較多的原圖細節。嘗試使用同一個扭轉角度，但分別採「順時針方向」與「反時針方向」，會有不一樣的偶然趣味效果。

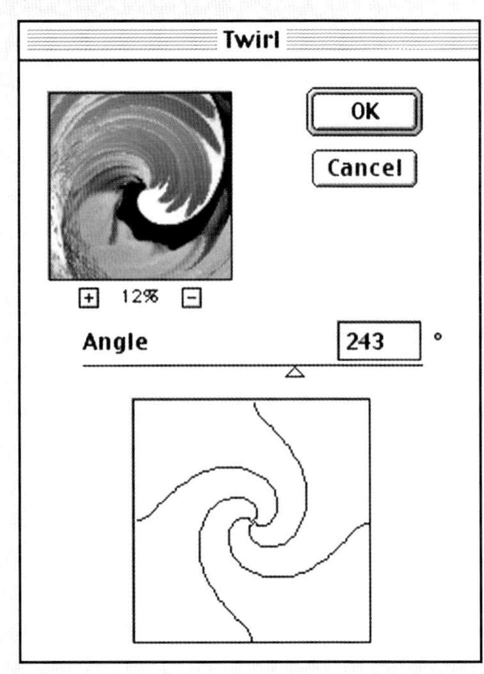

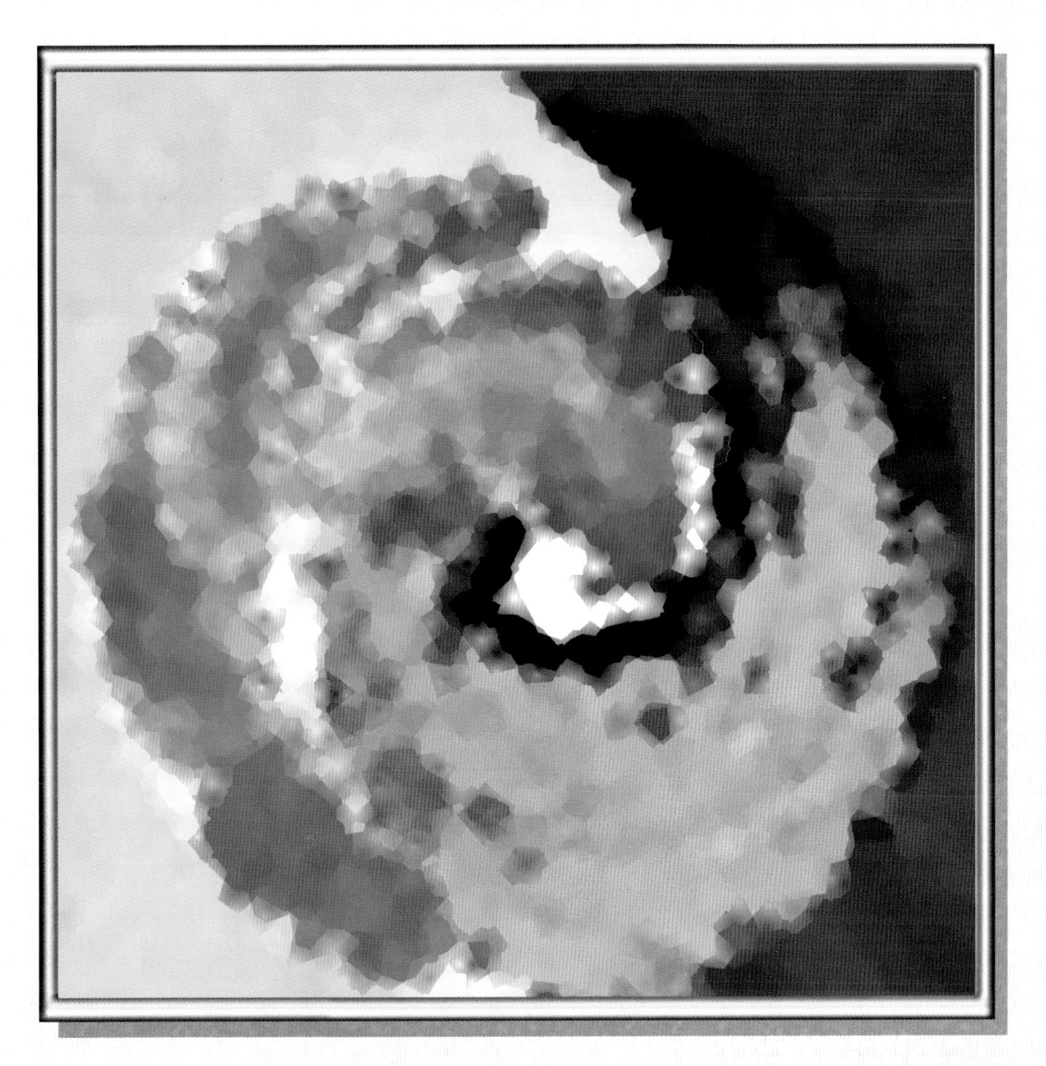

5 接著使用Xenofex 的「Shower Door濾鏡」來運算；顧名思義，Shower Door就是具有「沐浴間玻璃門」的霧氣的意思。所以我們用它來製造更有趣味的畫面。雖然乍看之下，這類濾鏡使用的機會很少，而且不太實用，但是假如選對了適宜的題材，它也可以是很有用的效果工具；尤其對那些沒有數位板與感壓筆的作者而言，更是管用。

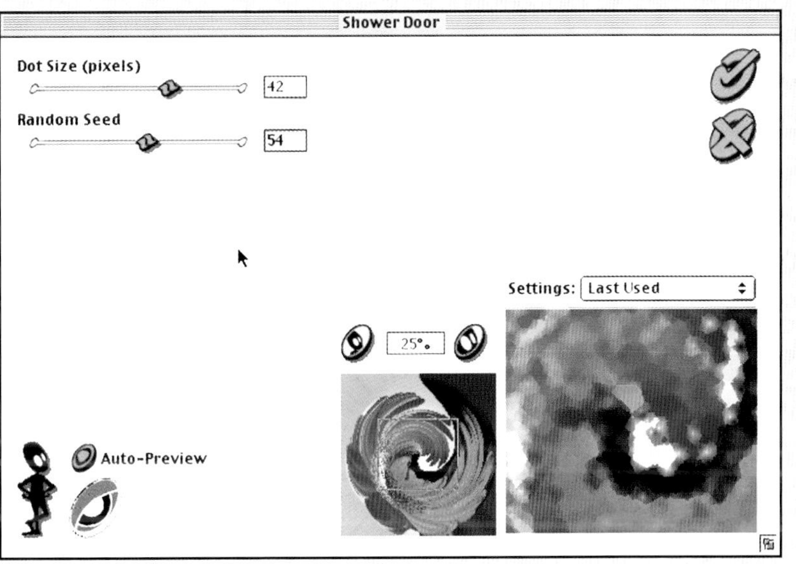

6最後用「鋸齒狀濾鏡」將形態誇張變形至此地步，已看不出原圖的面貌。此濾鏡以圖中心為轉動點，產生模擬漣漪狀波動。選項設定有：鋸齒數量、脊形、圍繞中心點、遠離中心點、池塘漣漪狀等。

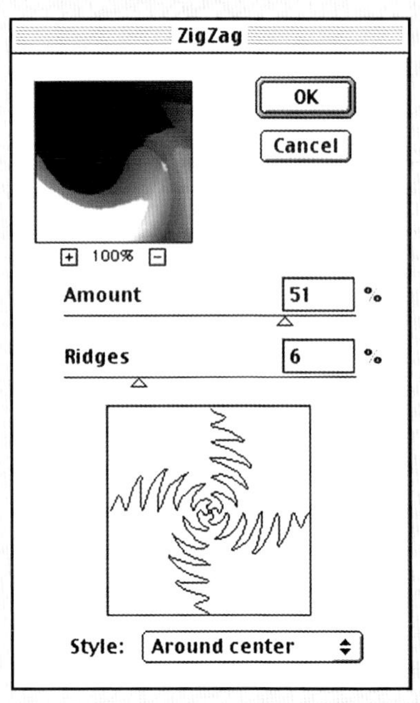

最終完成圖

此處之陰影使這個小圖呈現立體感，讓它從背景浮現。是使用Photoshop的「陰影」指令製作。過程為：圖層…效果…陰影。其內的選項有，顏色、不透明度、模式、模糊度、間距、明暗度等。

為了適度地統合小圖的凝聚感，我們在其中的幾幅畫上，套上了方形框。其顏色則選用印刷三原色料：青色、洋紅與黃色。

此完成圖是以十一張小圖組合而成。這些小圖都是源生自那幅花朵原圖。只是每一張小圖都是使用了各種變形工具，經過了無數次的試驗，才獲得如此令人驚訝的美好結果。

數位技術

存檔：檔案格式

當你的作品整個完成，或是想暫時結束工作，按下「存檔」指令後，螢幕上通常會出現對話框，要求你選擇「儲存格式」，若你對每一種檔案格式不是很瞭解的話，面對這種要求時，確實令人不知所措。這時你要考慮作品是要以何種方式輸出？作品是已定完成；還是暫停，將再繼續進行繪製？要用何種設備保存圖檔？

檔案格式

以下介紹幾種常用的檔案格式。使用者並不需要太專業的技術性知識，而是根據其最後的需求，來選擇適用的格式。

Photoshop（PSD）格式

Photoshop軟體特殊的專用格式；只能被Photoshop讀取，其他軟體無能爲力。它保存了圖檔存檔前的結構狀態，譬如圖層、路徑、色版以及Photoshop的特效。可以再次被Photoshop讀取，繼續未完成的繪圖工作。

BMP格式

常用在PC平台上，是一種24位元無破壞性壓縮的影像檔格式。一般電腦螢幕的桌布都採用此種格式。

Compuserve GIF格式

是以256種顏色來呈現圖像的檔案格式。一般都應用於網頁設計領域，相當於「索引色—index color色彩模式」。若要以此格式存檔，切記要先拷貝一份原稿，因爲若要以256色來表現數百萬色全彩模式，其結果常會讓人失望，若無存原圖，就無法還原了！

EPS（Encapsulated PostScript）格式

EPS是一種程式語言，一般稱爲「頁描述語言」，是儲存PostScript圖像的方法，所以若要在各種繪圖、影像處理、圖文組版等軟體之間轉換圖檔時，則EPS檔案格式非常管用；譬如圖檔中若欲保存路徑，那麼就要存成EPS檔。EPS格式專供雷射印表機使用，因此若是使用EPS格式的圖檔，用不同產牌的雷射印表機輸出，其錯誤的機會愈少。因爲EPS格式是把點陣圖像與PostScript圖像程式，一起包裝成一個檔案，就好像「膠囊—encapsuiated」一樣，所以圖像輸出時並不需要使用軟體。我們在螢幕上看到的，其實只是72 dpi 低解析度的點陣預視圖；當用雷射印表機輸出時，印表機會去解讀此語言，再來描述此頁的圖像，並以高解析度的方式輸出圖像。作品完成確認無誤後，可以將之存成EPS格式，方便送往輸出中心輸出。但是也有一些注意事項，一是採用 EPS格式存檔後，檔案的大小會增加約25%。另一是，在某些軟體上轉存EPS格式後，該圖像就無法再復原、修改了。

DCS（Desktop Color Separation）格式

此種檔案格式其實也是EPS格式的一種。只是將一個圖檔分成五個部份儲存，分別是一個供螢幕上使用的預視點陣檔，與四個用來分色輸出的個別檔：青色檔、洋紅色檔、黃色檔、黑色檔。用這種格式分別輸出四色印刷用網陽片，會比用其他的方式輸出節省許多時間與成本。

Fllmstrip格式

此種檔案格式常用於動態影像與動畫領域中。

JPEG或JPG（Joint Photographic Expert Group）格式

基本上它是一種破壞性壓縮檔案格式。所以在儲存前，要先仔細選擇壓縮的程度；壓縮程度愈大，無法復原的破壞程度愈明顯，圖像重新打開後的變形、色彩偏移的情形愈嚴重。不過這種格式確實非常適於網際網路的檔案傳輸、e-mail或是網頁設計，因爲它可以縮減檔案大小，增加檔案傳輸速度。

PCX格式

這種檔案格式是早期PC平台，在DOS模式下使用Paintbrush繪圖軟體的一種點陣圖像格式。如今以被BMP格式取代了。

PICT（Picture）格式

是Mac平台發展出來的檔案格式。PICT是早期的格式，只能儲存黑白連續調的圖像。PICT2則是後來改良的格式，可以儲存彩色圖像。此種檔案格式不能用來作印刷分色，與PostScript語言也不相容，並不適合用於高解析度的輸出，僅用於低解析度的螢幕抓取。

Tiff格式

EPS格式

TIFF或TIF（Tagged Image File Format）格式

是PC或Mac平台上最常用圖像檔案格式。幾乎是一種公認最具共通性的點陣標準檔案格式。當初此格式的發明，便不是專爲了某一種軟體或某一類電腦來設計，是爲了能夠獨立成爲一種共通的格式，所以不論是在PC或Mac上的軟體都支援TIFF格式。它可以儲存黑白、灰階、RGB、CMYK等色彩模式。是設計工作者與數位繪畫者，最常用的檔案格式。Photoshop軟體所提供的TIFF格式中，還包括了 LZW Compression選項，這是用來將TIFF圖檔壓縮的功能。不過在使用時要注意，只有少數的其它軟體支援此壓縮格式。

RIFF（Raster Image File Format）格式

是一種專供MetaCreations Painter軟體使用的檔案格式。它可以保留Painter軟體內的特殊效果與圖層，待以後重開啓圖檔後，仍然能繼續未完成的工作。

選擇檔案格式的基本原則

要看圖檔最後的使用或輸出的方式而決定。在作品尚未完成前的儲存，最好還是採用該軟體的專用檔案格式；以保存其圖檔的特殊結構，方便日後還可以再開啓繼續工作。確定已經完成了，再根據最後目的，儲存最適當的檔案格式。

黑白圖像

由於TIFF格式的相容性非常大，所以大部份的黑白圖像，都適合儲存成TIFF檔案格式。

彩色圖像

彩色圖像的輸出牽涉到許多因素，必須考慮諸如解析度、色彩模式等條件。當然一般的彩色輸出都能支援TIFF格式或EPS格式，所以存成這兩種格式大概都不會有問題。在將作品送件輸出前，最好先詢問輸出中心徵求技術人員的意見。

使用桌上型噴墨印表機輸出

TIFF檔案格式非常適用於桌上型噴墨印表機輸出。一般桌上型噴墨印表機並不支援EPS檔案格式，若用EPS檔案格式輸出，則只能列印出低解析度的螢幕略圖。

網頁上使用的檔案格式

網頁上的圖像最常使用的檔案格式是GIF或是JPEG（JPG）。因爲一般的瀏覽器都支援這兩種格式。GIF格式是256色色彩模式，JPEG格式的圖像品質較高，但兩者都是壓縮檔。

檔案儲存設備

完成的圖檔要儲存在何種儲存設備上，必須考慮下列幾點：一、爲了減少儲存空間是否要壓縮。二、要存在硬碟還是其他可攜式的設備上。三、圖像的品質是否很重要。四、是否要將圖像存成該軟體專用的格式。JPEG格式可以壓縮以減少圖檔所佔空間。TIFF格式可以保持非常良好的圖像品質。Painter軟體的RIFF檔案格式與Photoshop軟體的PSD檔案格式，可以保留其軟體內專屬的特殊效果，如圖層、路徑、濾鏡、色版等。

JPEG格式

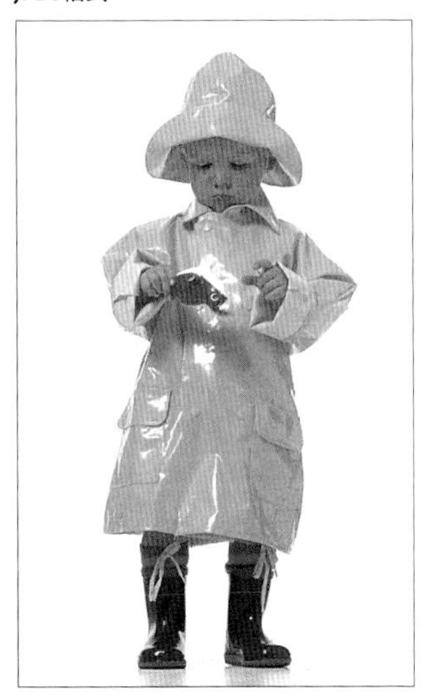

PICT格式

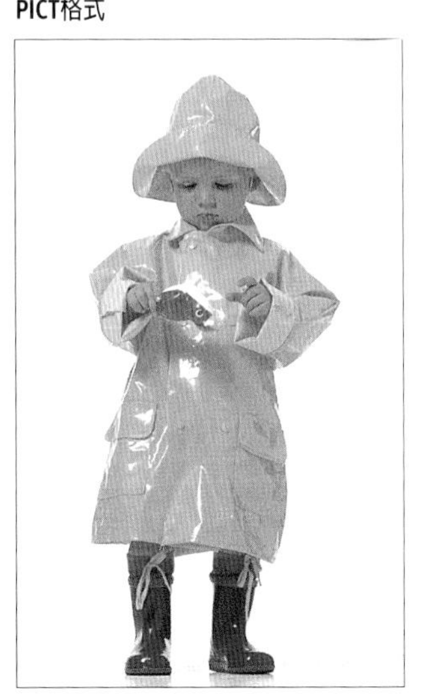

GIF格式

專業數位輸出

在創作過程中的某一階段，作者難免希望能將圖像列印輸出，方便檢視成果。雖然大部份的桌上型彩色印表機，不論在畫質、色彩或耐久性上都不如專業輸出設備；但是只要使用正確，桌上型彩色印表機也能有不錯表現，最重要的是其成本費用節省很多。假使你想經由專業輸出中心列印作品，最好要先與中心配合，找出最適配的設定條件、選項與硬體設備。同時也要先具備一些有關色彩轉換方面的基本知識與術語。服務品質佳的專業輸出中心，應該都會提供客戶相關的技術諮詢與服務。

色彩模式轉換

大部份彩色輸出設備，都要求圖檔的色彩模式是CMYK色料模式，而不是RGB色光模式。由於RGB色光模式的「色域」，比CMYK色料模式的「色域」來得大，所以在色彩轉換時要特別小心。也就是當你用RGB模式繪製完成後，想以CMYK色料列印輸出，由於在色彩模式轉換過程中，CMYK模式的色域無法含蓋所有RGB模式的色彩，所以有些色光顏色無法完全以色料再現，輸出的成品與螢幕上看的圖像相去甚遠。Photoshop軟體針對這種情形，內建一機制當有這種情況時便發出警告訊息，喚起使用者注意。有些輸出中心也接受RGB模式的圖檔，再用Photoshop建立特別色票的方式，將之轉換成CMYK模式，減少色域誤差的現象。

IRIS工作站型噴墨印表機

這類印表機輸出的品質幾乎與印刷效果一樣好。所以可以作為少量印刷品的正式輸出。IRIS公司所出產的這類產品，是其代表機型。它是採用噴墨式技術，將水溶性CMYK四色染料，經由細微的噴嘴，大約以每秒百萬微點的速度分別噴灑在紙上，通常是以捲筒式紙張給紙。它也能接受水彩紙、粉彩紙或其它較厚的特殊紙張，用來表現質感效果。在成品上看不出噴墨微粒，很適合數位繪畫的輸出。可是由於器材設備與耗材的成本都非常高，所以每張的單價也不便宜。

熱昇華輸出

熱昇華印表機所用的色料，是附著於色帶上的透明染料，經由印頭的加熱後形成氣體，以溫度控制色帶染料量的多寡，再附著於特殊的紙上，每一個顏色的色點相互重疊而沒有間隔，所以可以形成連續調豐富，高品質的精美圖像。設計者或圖像繪製者常使用熱昇華輸出作品，作為正式印刷前的打樣檢視。但是它的缺點之一是容易受潮，致使圖像暈染模糊。在色彩準確度而言，熱昇華輸出比Iris輸出更精確。

輸出中心

優秀的技術人員都會將其輸出設備調整至最佳狀態。所以送件輸出時，應把你的需求以書面或口頭告知技術人員，讓他們作最適當的設定。優秀的輸出中心不僅提供最好的硬體設備，還須提供客戶最適宜的服務。

原圖

相紙輸出

直接將數位圖檔以相紙的品質輸出。相紙輸出技術，能提供如熱昇華輸出般亮麗的色彩再現效果，並且其耐久性與準確性更佳。圖像資訊由電波訊號送到雷射印頭，雷射光束再依收到的訊號間歇地射出訊號到轉印紙上，然後轉寫到相紙上。相紙上可以塗佈抗紫外線物質，以減緩色彩的衰退。

正片輸出

數位圖像也可以用傳統的正片（幻燈片）輸出，尺寸從35mm小型軟片到10×8英吋（25×20公分）都有。用雷射技術將RGB的圖像資料讀寫在一般的感光正片上，之後再

IRIS輸出

大約有10%的細微色彩層理無法呈現。儲存圖像時應比一般正常值略暗。由於對比較高，所以暗位細節無法呈現。細線之處也會喪失層次。下圖是使用較厚的紙材輸出，所以可見到底紋效果。也可使用如帆布材質的材料輸出。

熱昇華輸出

色彩略呈暖色調。雖然畫面亮麗光滑，但仍可見到細微的色點。細線與文字略喪失層次。

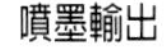

噴墨輸出

個人工作室與輸出中心之噴墨輸出品質相差非常大。但是噴點仍然可見。色彩的濃度較原圖略高。

以化學程序顯影。送件輸出前應徵詢輸出中心的意見，取得存檔的正確資訊；因爲正片輸出的條件，例如解析度、色彩模式等與其他輸出方式非常不同。

輸出成品的耐久性

輸出作業中「成品的耐久性」是一項非常重要的考慮因素。通常噴墨式成品常會因曝露在紫外線下而快速退色。在成品表面覆加保護膜，或是以噴塗抗UV漆，減少紫外線的接觸減緩退色，也是一種增長耐久性的辦法。要注意的是，一般的抗UV漆是具酒精性，而噴墨是水性，所以可能很容易影響作品的色澤。使用前要先看說明書並試驗。

熟悉輸出設備

徹底測試並瞭解輸出設備在各種模式下列印的效果，是保證輸出高品質成品的唯一方法。作品最後輸出的品質，會因每一類型或廠牌的輸出機不同，而有絕對不一樣的差異。自設一色彩校樣色表，有助於送件輸出時的校色參考。對於以不同模式輸出時的色彩設定也非常有幫助。與輸出中心技術人員仔細商討，說明你的需求，會讓你的作品更附和你的理想。

最後一提，輸出的完成作品絕對不可能百分之百完全滿足你的理想。所以對一些小瑕玼也不必太計較，要能夠笑納。並且要勇於嘗試新技法。

詞彙解釋

Alla prima（直接畫法）
不打草稿，直接用顏料在底材上繪畫。

Anti-aliasing（消除鋸齒狀）
利用某些軟體消除影像在低解析度的螢幕上，或是低解析度的輸出品中，其弧線或斜線會出現鋸齒狀不平滑線條的狀況。

Archive（備份資料）
長時間保存的電子備份資料檔案。

Bit depth（位元深度）
數位影像色彩模式中，所含資訊的多寡。

Bitmap（點陣圖）
由無數像素或是類似方格點，所構成的影像。

Blur（模糊）
使用軟體運算將影像失焦或模糊化。

Brightness（明度）
圖像整體的明暗程度。

Broken color（點描）
使用破碎的彩色點來描繪畫面，而不直接將色料混合。讓色光在人眼直接混色。

Brushes（筆刷）
繪畫軟體上常用的繪筆型式，可以是鉛筆、毛筆等。

Brushing（運筆）
在數位圖像上使用各種筆刷造成各種效果。

Canvas（版面或畫面）
在繪畫軟體上所開啓的實際工作台面，有如繪畫的畫紙、畫布等。

CCD（電荷耦合器）
掃描機內的晶片，可將類比影像轉換成數位影像。

CD-ROM（唯讀光碟）
電腦的主要記憶體之一。其上的資料只可被讀取。不可再寫入其他資料，或改寫資料。

Channels（色版）
構成全彩模式的圖像中之各色色版。在CMYK模式中爲青版、洋紅版、黃版、黑版。在RGB模式中爲紅版、綠版、藍版。

Clip art（圖庫）
可用於數位繪畫、影像處理、網頁製作等領域的素材圖像。一般都收錄在光碟上，授權供人使用。

Clone（複製）
複製的意思。在不同的軟體裡會稍有不同的含意。在此指，拷貝原圖像，作爲類似描圖紙的功能。

CMYK color（CMYK色彩）
構成全彩印刷的四個基本顏色，青、洋紅、黃、黑。

Collage（ 拼貼）
以一些不規則的碎片造形拼組成一圖形。

Color matching（色彩校正）
修正螢幕色彩與印刷色彩相互吻合的硬體或軟體系統。

Color modes（色彩模式）
數位影像的「位元深度」，例如黑白、灰階、索引色、RGB、CMYK。

Complementry color（補色對）
位居色相環上相對位置的兩個顏色。

Compression（壓縮）
利用硬體或軟體將數位資料的空間壓擠，減少佔用磁碟的儲存空間。

Contrast（對比／反差）
圖像中不同兩個區域的明亮度之差別。

碎筆觸

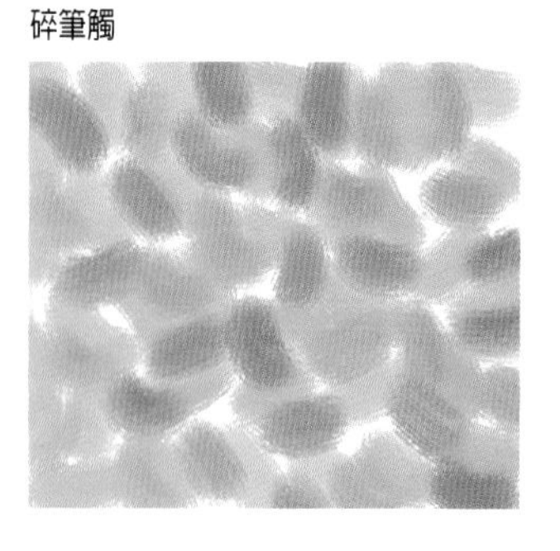

交叉筆觸

裂縫紋理

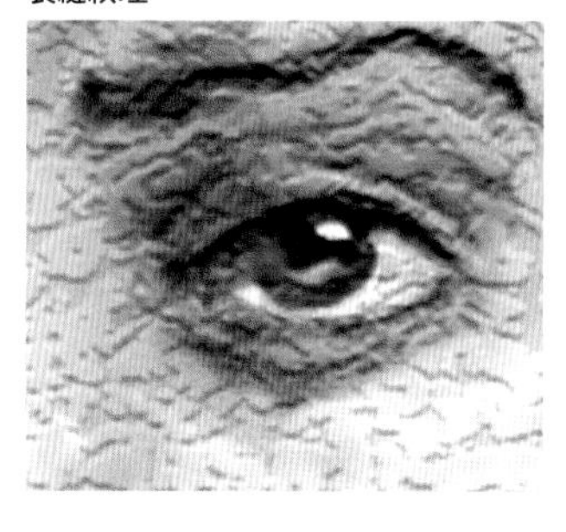

漸層

CPU（中央處理元／器）
電腦中主要的運算、控制單元。

Craquelure （裂縫紋理）
在圖像表面上製造龜裂效果。

Crosshatching （交叉筆觸）
以許多互相交叉的線段構成的色調層次。

DAT（Digital audio tape）
用來備份與儲存數位資料的磁帶。

Digital camera （數位相機）
擷取影像的工具，操作方式與傳統相機一樣，但是其影像是以電子資料型式，儲存於記錄卡內。

Display（顯示器）
電腦的螢幕。

Dot-Gain（網點增量）
有時印刷油墨在紙上的量會過多，使得網點增大，色彩濃度加大，反差降低。

dpi
數位影像計算解析度的單位之一種。表示每一英吋長度內含有多少個點。

Drybrush（乾筆）
繪畫的技法之一種。筆端沾的顏料較少，筆劃上常有飛白現象。

Dutone（雙色模式）
使用兩種特別色印刷的方式。

DVD（Digital versatil disk）
目前很普遍的儲存大量數位資料的設備。大小尺寸與一般的CD相同。

Dye sublimation（熱昇華輸出）
列印圖像的方法之一種。使用水性顏料，以亮麗相片品質的紙材輸出。

Feather（羽化）
可以讓被選取範圍的邊緣，依設定的像素值，作漸次退色的效果。

File formats（檔案格式）
各種儲存數位資料的方法。

Filters（濾鏡程式）
外掛於主要軟體上的輔助程式，常用來增強主程式的功能。

Firewire
在電腦周邊設備間，高速傳輸資料的一種介面。

Flatten（影像平面化）
將許多圖層疊合在一起。

FTP（FETCH）
網際網路間上傳與下載資料的軟體。

Gamut（色域）
光譜範圍內能被不同色彩模式顯現出的區域。RGB的色彩模式色域，比CMYK模式來的大。

GIF
影像檔案格式的一種，使用256色彩模式。適用於網路環境。

Glazing（ 上光）
在畫面上塗佈透明的材料，以增加亮度與光澤。

Gradation （漸層）
兩色之間的平順轉換。

Gradient （漸層）
與上述的意義相似，特別是指兩色以上的漸層變化。

Halfttone （半色調）
全彩印刷技術中，使用網屏來呈現印紋的原理。

Hard disk（硬碟）
電腦組合中用來儲存大量資料的基本設備。

Hardware（硬體）
凡一切屬於電腦組件或零件的實物統稱。

Hexachrome（六色印刷）
使用傳統的四色印刷技術，但是添增藍色與紅色色版。

HSB
色彩的三個屬性，色相、明度、彩度。

Hue（色相）
某一色彩的專有名稱。

Inkjet（噴墨）
將色墨壓擠通過噴嘴，噴灑在印材上的技術。

Input device（輸入設備）
將數位資料輸入電腦內的硬體設備，例如掃描機、數位相機。

Interpolation（插補運算）
在兩運算值中以插入的方式，補足中間差值。例如將原影像，以強制等比例的方式增加其解析度。

Inverting
正負像反轉。

Iris
高解析度輸出的一種系統。

JPEG(Joint Photographic Expert Group)
一種壓縮的檔案格式。

Lasso
徒手使用的選取工具。

Level（色階）
修正影像的色調與對比的調整設定。

Lighting effects（光源效果）
模擬各種光線照在影像上的效果的濾鏡程式。

Line art（黑白點陣影像）
只用黑色與白色的點所構成的影像。

lpi（網線數）
傳統印刷中，用來計算一英吋長度內網目的數量之單位。

Mask（遮色片）
數位繪畫中常用來保護某一區域，不被顏色侵入的工具。

MB（百萬位元組）
計算數位檔案大小的一種單位。

Mixed media（混合媒材）
在同一畫面中使用各種媒材來作畫。

Moniter（螢幕）
電腦的顯示螢幕。

Mouse（滑鼠）

Negative（負像）
影像中明暗與色調互換的呈現。

Opacity（不透明度）
一種用來表示影像透明程度的百分比計量方式。

Output devices（輸出設備）
將電腦內的數位資料輸出的硬體設備，例如印表機。

Palettes（調配板）
軟體介面中的浮動視窗。

Photomontage（影像合成術）
把多個影像組合在同一畫面的合成技術，又稱蒙太奇影像合成術。

Pixel（像素）
構成數位影像最基本的單位。

Pixelation（鋸齒狀）
數位影像經過極度放大後，所呈現明顯格狀不平順邊界現象。

Platform（工作平台）
意指不同的電腦作業系統，例如 PC或Mac。

Plug-in（外掛模組程式）
外掛於主要軟體上的輔助小程式，常用來增強主程式的功能，濾鏡程式就是其中一種。

Pointillism（點描畫法）：
使用小筆觸點來構成整個畫面的繪畫技法。

PostScript（頁描述語言）
Adobe公司所發展出來的一種專供PostScript印表機使用的數位語言。

ppi
專指螢幕上使用的影像解析度單位。

Pressure sensitive（壓力感應）
藉由筆壓的改變，而使輸出動作跟隨改變的能力。

Rainbow
一種熱昇華輸出的方式。

RAM
隨機記憶體。電腦主要運算的記憶體。

Rasterize（點陣化）
將影像轉換以點陣的方式呈現。

Removable media
抽取式儲存設備。

Resolution（解析度）
影像所包含的資料總數。常以ppi或dpi表示。

點描畫法

RGB color
色光的三原色，紅、綠、藍。

RIP
一種影像轉譯的程序。專用來處理物件導向的圖像，將之轉換成點陣輸出。

Saturation（彩度）
色彩的純度，或是色彩的飽和程度。

Save
儲存檔案的指令。

Scanner
掃描器、掃描機。

Scratch disk（影像快取記憶體）
當使用影像處理軟體而RAM不夠用時，以部份硬碟充當運算暫存空間。

Screen grab（螢幕擷取）
拷貝並暫存現有螢幕上的影像。

Selection（選取）
在影像中以工具圈選欲作用的範圍。

Snapshot（快照）
拷貝並暫存現有螢幕上的影像。與螢幕擷取同意。

Software（軟體）
電腦應用程式的簡稱。

Stippling（點彩技法）
另一種形式的碎筆觸。運用筆尖部位在畫布上隨意戳點。

Storage（儲存設備）
用來儲存或備份資料的硬體設備。

Stylus（感壓筆）
一種外型與傳統筆相似的數位筆，可藉筆壓力來改變輸出動作，與數位板配合使用。

點彩技法

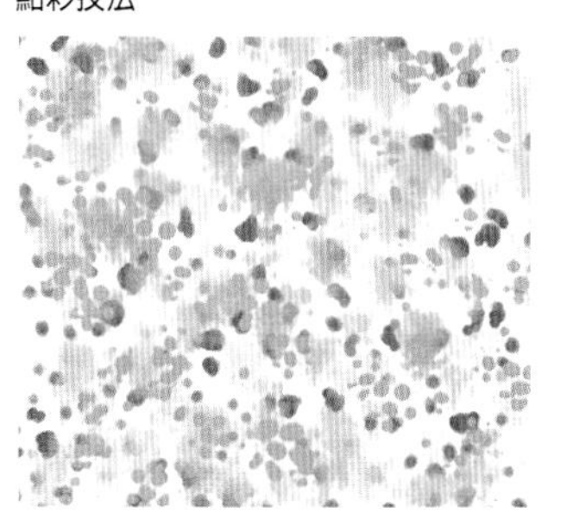

暈染

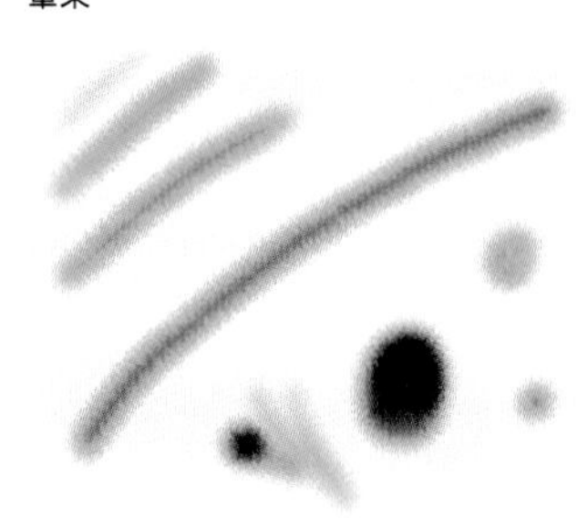

軟體支援廠商

Adobe Systems
1585 Charlston Road
PO Box 7900
Mountain View
CA 94039-7900, USA
Tel: 1-800-833-6687
www.adobe.com

Alien Skin Software
2522 Clark Avenue
Raleigh
NC 27607, USA
Tel: (001) 919-832-4124
www.alienskin.com

Andromeda Software
699 Hampshire Road
Suite 109
Westlake Village
CA 91361, USA
Tel: (001) 805-379-4109
www.andromeda.com

Corel Corporation
1600 Carling Avenue
Ottawa
Ontario K1Z 8R7
Canada
Tel: (001) 613-728-8200
www.corel.com

MetaCreations
6303 Carpinteria Avenue
Carpinteria
CA 93013, USA
Tel: (001) 805-566-6200
www.metacreations.com

Macromedia
600 Townsend Street
Suite 310-W
San Francisco
CA 94103, USA
Tel: 1-800-898-3762
www.macromedia.com

Xaos Tools
300 Montgomery, 3rd Floor
San Francisco
CA 94104, USA
Tel: (001) 415-487-7000
www.xaostools.com

Index

國家圖書館出版預行編目資料

數位繪畫 / Glen Wilkins著；陳寬祐譯．-- 一版．--台北縣〔永和市〕: 視傳文化，2001〔民90〕
面； 公分
含索引
譯自：Painting with pixels
ISBN 957-98193-8-6（平裝）

1.電腦繪圖

312.986 90013694

Acknowledgments

Quarto would like to thank the following for the use of their artwork
in the What is Digital Artwork? section:
Katie Hayden, Donald Gambino, Philip Nicholson, Ken Ramey, Brian Wilkins,
Paul Crockwell, Randy Sowash, Kit Monroe, Lesley Wilkins,
Maureen Nappi, Wendy Grossman.

Quarto Publishing would also like to thank the following hardware manufacturers
for their helpful response to requests for information, checking
our facts and use of photographs:
Agfa (UK) Ltd, Apple Computer Inc., Canon (UK) Ltd, Compaq (UK),
Epsom (UK) Ltd, Iomega Corporation, Logitech S.A., Panasonic (UK),
Polaroid (UK) Ltd, Wacom Computer Systems Gmbh
and the Customer Helplines of many more.

Thanks also to Clinch/Clarke for their photography.

Author Acknowledgments

Thanks go to Quarto for giving me this opportunity, especially my new friend Sarah Vickery who was great fun and very patient. Also, my good friend Luise Roberts who made it all possible and fed me at the same time. A very big thank you to David Crawford for letting me use lots of his stunning, inspirational photography.

And, finally thanks to my wife Lesley for inspiring,
encouraging, understanding, and typing!